スパイラル　数

解答編

1 (1) ⑧ ($\overrightarrow{\mathrm{HC}}$)
(2) ② ($\overrightarrow{\mathrm{BH}}$)
(3) ① ($\overrightarrow{\mathrm{AB}}$)
(4) ⑦ ($\overrightarrow{\mathrm{GF}}$)
(5) ④ ($\overrightarrow{\mathrm{DE}}$)
(6) ⑥ ($\overrightarrow{\mathrm{FE}}$)

2 (1) $\vec{a}$ と $\vec{f}$, $\vec{c}$ と $\vec{e}$
(2) $\vec{b}$ と $\vec{d}$

3
(1)
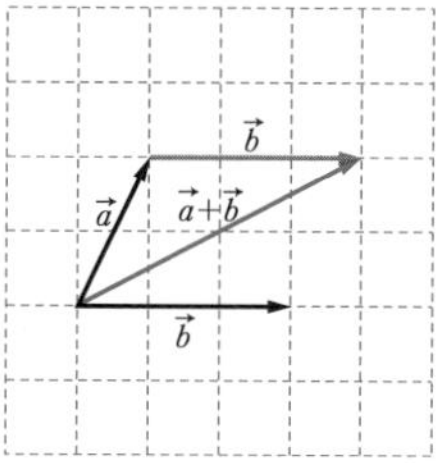

(2)
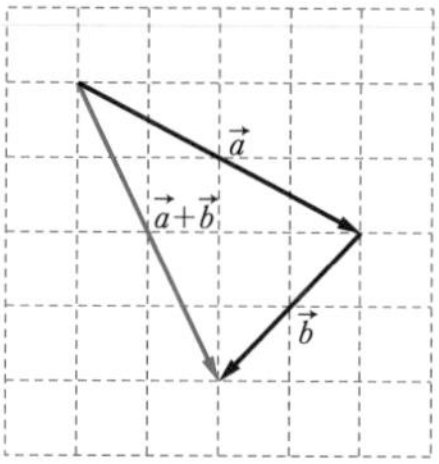

(3)
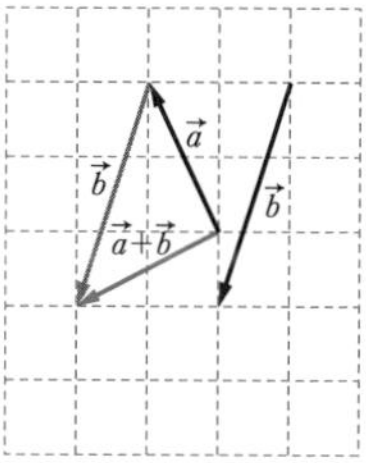

(4)
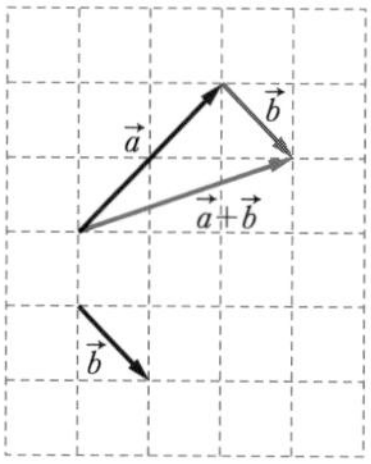

(5)
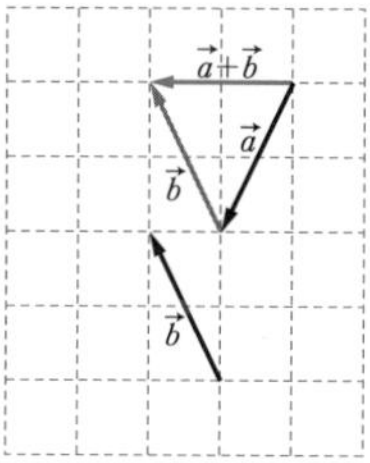

(6)
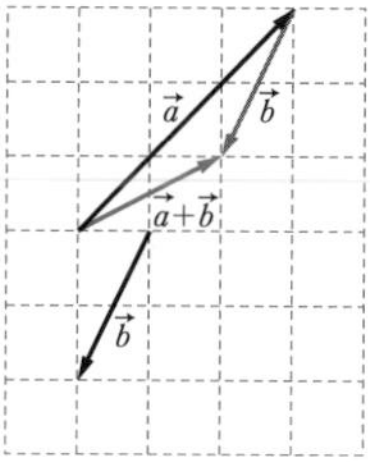

4
(1)
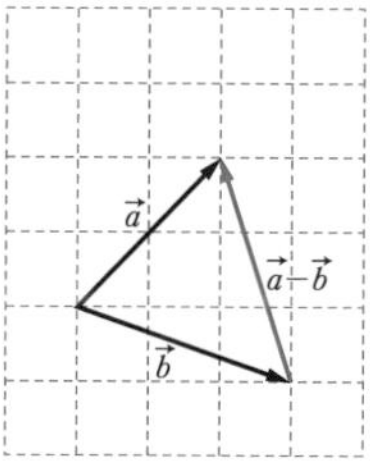

(2)

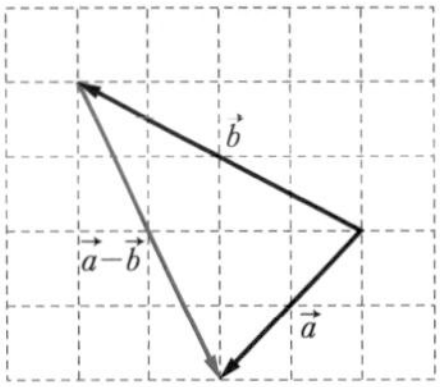

(3)

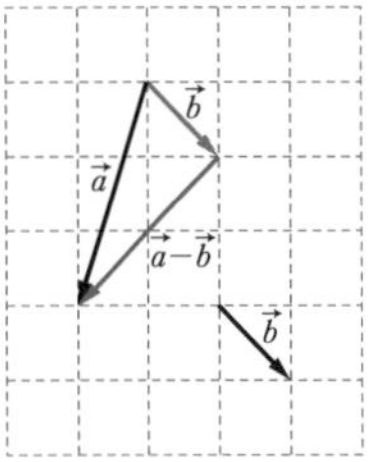

(4)

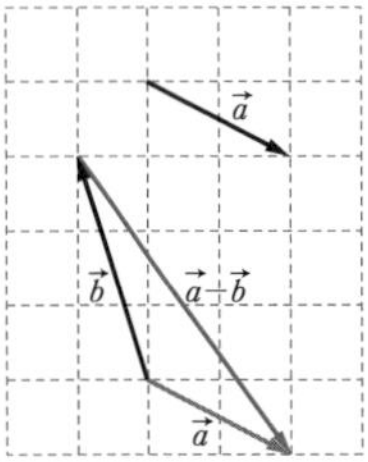

(5)

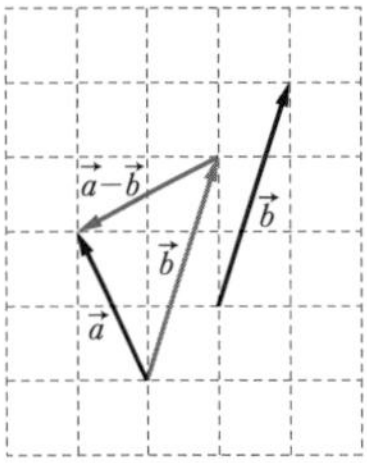

(6)

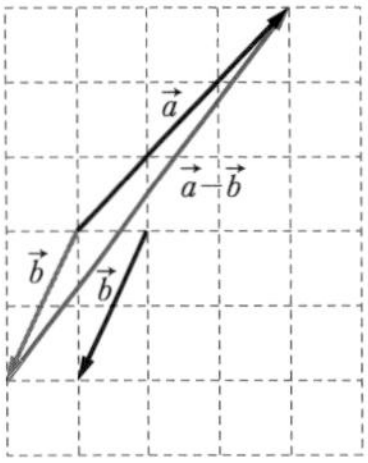

5

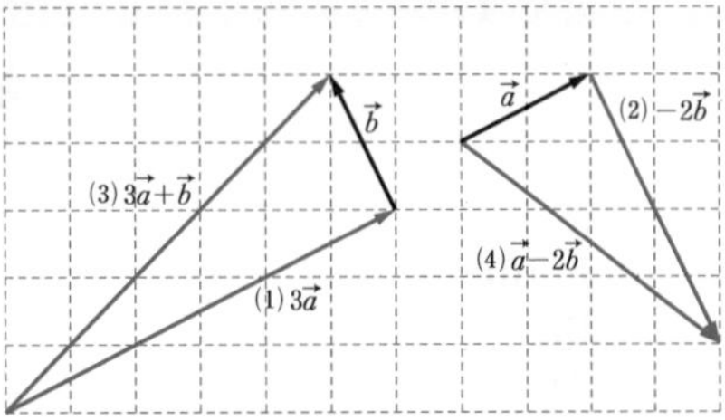

6 (1) $2\vec{a}+3\vec{a}-4\vec{a}$

$=(2+3-4)\vec{a}$

$=\boldsymbol{\vec{a}}$

(2) $3\vec{a}-8\vec{b}-\vec{a}+4\vec{b}$

$=(3-1)\vec{a}+(-8+4)\vec{b}$

$=\boldsymbol{2\vec{a}-4\vec{b}}$

(3) $3(\vec{a}-4\vec{b})+2(2\vec{a}+3\vec{b})$

$=3\vec{a}-12\vec{b}+4\vec{a}+6\vec{b}$

$=(3+4)\vec{a}+(-12+6)\vec{b}$

$=\boldsymbol{7\vec{a}-6\vec{b}}$

(4) $5(\vec{a}-\vec{b})-2(\vec{a}-5\vec{b})$

$=5\vec{a}-5\vec{b}-2\vec{a}+10\vec{b}$

$=(5-2)\vec{a}+(-5+10)\vec{b}$

$=\boldsymbol{3\vec{a}+5\vec{b}}$

7 $\boldsymbol{\vec{b}=2\vec{a},\ \vec{c}=\frac{1}{2}\vec{a},\ \vec{d}=-\frac{2}{3}\vec{a}}$

8 (1) $\overrightarrow{DH}=\boldsymbol{-\frac{1}{2}\vec{b}}$

(2) $\overrightarrow{AC}=\overrightarrow{AB}+\overrightarrow{BC}=\boldsymbol{\vec{a}+\vec{b}}$

(3) $\overrightarrow{AG}=\overrightarrow{AD}+\overrightarrow{DG}=\boldsymbol{\vec{b}+\frac{1}{2}\vec{a}}$

(4) $\overrightarrow{AF}=\overrightarrow{AB}+\overrightarrow{BF}=\boldsymbol{\vec{a}+\frac{1}{2}\vec{b}}$

(5) $\overrightarrow{FE}=\overrightarrow{FB}+\overrightarrow{BE}=\boldsymbol{-\frac{1}{2}\vec{b}-\frac{1}{2}\vec{a}}$

(6) $\overrightarrow{FG}=\overrightarrow{FC}+\overrightarrow{CG}=\boldsymbol{\frac{1}{2}\vec{b}-\frac{1}{2}\vec{a}}$

9 (1) $\overrightarrow{PR}=\overrightarrow{OR}-\overrightarrow{OP}=\boldsymbol{\frac{1}{2}\vec{b}-\frac{1}{2}\vec{a}}$

(2) $\overrightarrow{OQ}=\overrightarrow{OA}+\overrightarrow{AQ}$

$=\overrightarrow{OA}+\frac{1}{2}\overrightarrow{AB}$

$=\vec{a}+\frac{1}{2}(\vec{b}-\vec{a})$

$=\boldsymbol{\frac{1}{2}\vec{a}+\frac{1}{2}\vec{b}}$

(3) $\overrightarrow{PB}=\overrightarrow{PO}+\overrightarrow{OB}$

$=-\frac{1}{2}\overrightarrow{OA}+\overrightarrow{OB}$

$=\boldsymbol{-\frac{1}{2}\vec{a}+\vec{b}}$

(4) $\overrightarrow{AR}=\overrightarrow{AO}+\overrightarrow{OR}$

$=-\overrightarrow{OA}+\frac{1}{2}\overrightarrow{OB}$

$=\boldsymbol{-\vec{a}+\frac{1}{2}\vec{b}}$

(5) $\overrightarrow{RP}+\overrightarrow{QP}$

$=\frac{1}{2}\overrightarrow{OA}-\frac{1}{2}\overrightarrow{OB}+\overrightarrow{QA}+\overrightarrow{AP}$

$=\frac{1}{2}\overrightarrow{OA}-\frac{1}{2}\overrightarrow{OB}+\frac{1}{2}(\overrightarrow{OA}-\overrightarrow{OB})-\frac{1}{2}\overrightarrow{OA}$

$=\frac{1}{2}\vec{a}-\frac{1}{2}\vec{b}+\frac{1}{2}(\vec{a}-\vec{b})-\frac{1}{2}\vec{a}$

$=\boldsymbol{\frac{1}{2}\vec{a}-\vec{b}}$

(6) $\overrightarrow{BP}+\overrightarrow{QR}$

$=\overrightarrow{BO}+\overrightarrow{OP}+\overrightarrow{QB}+\overrightarrow{BR}$

$=-\overrightarrow{OB}+\frac{1}{2}\overrightarrow{OA}+\frac{1}{2}(\overrightarrow{OB}-\overrightarrow{OA})-\frac{1}{2}\overrightarrow{OB}$

$=-\vec{b}+\frac{1}{2}\vec{a}+\frac{1}{2}(\vec{b}-\vec{a})-\frac{1}{2}\vec{b}$

$=\boldsymbol{-\vec{b}}$

10 (1) $\overrightarrow{DO}=\frac{1}{2}(\overrightarrow{AB}-\overrightarrow{AD})$

$=\frac{1}{2}(\vec{a}-\vec{b})$

$=\boldsymbol{\frac{1}{2}\vec{a}-\frac{1}{2}\vec{b}}$

(2) $\overrightarrow{OA}=\overrightarrow{OD}+\overrightarrow{DA}$

$=-\overrightarrow{DO}-\overrightarrow{AD}$

$=-\left(\frac{1}{2}\vec{a}-\frac{1}{2}\vec{b}\right)-\vec{b}$

$=\boldsymbol{-\frac{1}{2}\vec{a}-\frac{1}{2}\vec{b}}$

(3) $\overrightarrow{AE}=\overrightarrow{AD}+\overrightarrow{DE}$

$=\overrightarrow{AD}+\frac{1}{2}\overrightarrow{AB}$

$=\boldsymbol{\vec{b}+\frac{1}{2}\vec{a}}$

(4) $\overrightarrow{BE}=\overrightarrow{BC}+\overrightarrow{CE}$

$=\overrightarrow{AD}-\frac{1}{2}\overrightarrow{AB}$

$=\boldsymbol{\vec{b}-\frac{1}{2}\vec{a}}$

(5) $\overrightarrow{OB}+\overrightarrow{OC}$

$=\frac{1}{2}(\overrightarrow{AB}-\overrightarrow{AD})+\frac{1}{2}(\overrightarrow{AB}+\overrightarrow{AD})$

$=\frac{1}{2}(\vec{a}-\vec{b})+\frac{1}{2}(\vec{a}+\vec{b})$

$=\boldsymbol{\vec{a}}$

(6) $\overrightarrow{EB}+\overrightarrow{OC}$

$=\overrightarrow{EC}+\overrightarrow{CB}+\frac{1}{2}(\overrightarrow{AB}+\overrightarrow{AD})$

$=\frac{1}{2}\overrightarrow{AB}-\overrightarrow{AD}+\frac{1}{2}(\overrightarrow{AB}+\overrightarrow{AD})$

$=\frac{1}{2}\vec{a}-\vec{b}+\frac{1}{2}(\vec{a}+\vec{b})$

$=\boldsymbol{\vec{a}-\frac{1}{2}\vec{b}}$

11 (1) $\overrightarrow{AC}=\overrightarrow{AB}+\overrightarrow{BC}$

$=\boldsymbol{\vec{a}+\vec{b}}$

(2) $\overrightarrow{FC}=2\overrightarrow{AB}=\boldsymbol{2\vec{a}}$

(3) $\overrightarrow{AF}=\overrightarrow{AO}+\overrightarrow{OF}$

$=\overrightarrow{BC}-\overrightarrow{AB}$

$=\boldsymbol{\vec{b}-\vec{a}}$

(4) $\overrightarrow{EO}=-\overrightarrow{AF}$

$=-(\vec{b}-\vec{a})$

$=\boldsymbol{\vec{a}-\vec{b}}$

(5) $\overrightarrow{BD}=\overrightarrow{BC}+\overrightarrow{CD}$

$=\overrightarrow{BC}+\overrightarrow{AF}$

$=\vec{b}+(\vec{b}-\vec{a})$

$=\boldsymbol{2\vec{b}-\vec{a}}$

(6) $\overrightarrow{CE}=\overrightarrow{CD}+\overrightarrow{DE}$

$=\overrightarrow{AF}-\overrightarrow{AB}$

$=(\vec{b}-\vec{a})-\vec{a}$

$=\boldsymbol{\vec{b}-2\vec{a}}$

12 (1) $\boldsymbol{x=-4,\ y=3}$

(2) $2x-5=1,\ 4-3y=-2$ より

$\boldsymbol{x=3,\ y=2}$

(3) $x-1=-3,\ 3=y+1$ より

$\boldsymbol{x=-2,\ y=2}$

(4) $\begin{cases} 2x-4=0 \\ x-2y=0 \end{cases}$

これを解いて　$\boldsymbol{x=2,\ y=1}$

(5) $\begin{cases} 4x+y=1 \\ x-2y=7 \end{cases}$

これを解いて　$\boldsymbol{x=1,\ y=-3}$

(6) $\begin{cases} 2x+y=0 \\ x-y+1=0 \end{cases}$

これを解いて　$\boldsymbol{x=-\frac{1}{3}}$，$\boldsymbol{y=\frac{2}{3}}$

13 (1) $\vec{p}\parallel\vec{q}$ より $\vec{q}=k\vec{p}$ となる実数 k があることから

$-6\vec{a}+x\vec{b}=k(2\vec{a}-3\vec{b})$

$-6\vec{a}+x\vec{b}=2k\vec{a}-3k\vec{b}$

よって　$\begin{cases} -6=2k \\ x=-3k \end{cases}$

したがって，$k=-3$ であるから　$\boldsymbol{x=9}$

(2) $\vec{p}\parallel\vec{q}$ より，$\vec{q}=k\vec{p}$ となる実数 k があることから

$x\vec{a}+2\vec{b}=k(-3\vec{a}+4\vec{b})$

$x\vec{a}+2\vec{b}=-3k\vec{a}+4k\vec{b}$

よって　$\begin{cases} x=-3k \\ 2=4k \end{cases}$

したがって，$k=\frac{1}{2}$ であるから　$\boldsymbol{x=-\frac{3}{2}}$

14 (1) $\begin{cases} 2\vec{x}+\vec{y}=3\vec{a} & \cdots\cdots① \\ 3\vec{x}-\vec{y}=2\vec{b} & \cdots\cdots② \end{cases}$

①＋② より

$5\vec{x}=3\vec{a}+2\vec{b}$

$\boldsymbol{\vec{x}=\frac{3\vec{a}+2\vec{b}}{5}}$

①より　$\vec{y}=3\vec{a}-2\vec{x}$

$=3\vec{a}-2\times\frac{3\vec{a}+2\vec{b}}{5}$

$\boldsymbol{=\frac{9\vec{a}-4\vec{b}}{5}}$

(2) $\begin{cases} 2\vec{x}-3\vec{y}=\vec{a}+\vec{b} & \cdots\cdots① \\ \vec{x}-\vec{y}=\vec{a}-\vec{b} & \cdots\cdots② \end{cases}$

②×3−① より

$\boldsymbol{\vec{x}=2\vec{a}-4\vec{b}}$

②より

$\vec{y}=\vec{x}-\vec{a}+\vec{b}$

$=2\vec{a}-4\vec{b}-\vec{a}+\vec{b}$

$\boldsymbol{=\vec{a}-3\vec{b}}$

15 (1) $\overrightarrow{DH}=-\frac{1}{2}\overrightarrow{OA}=\boldsymbol{-\frac{1}{2}\vec{a}}$

(2) $\overrightarrow{AF}=\frac{1}{2}\overrightarrow{AB}$

$=\frac{1}{2}(\overrightarrow{OB}-\overrightarrow{OA})$

$=\frac{1}{2}(\vec{b}-\vec{a})$

$\boldsymbol{=\frac{1}{2}\vec{b}-\frac{1}{2}\vec{a}}$

(3) $\overrightarrow{AG}=\overrightarrow{AB}+\overrightarrow{BG}$

$=(\overrightarrow{OB}-\overrightarrow{OA})-\frac{1}{2}\overrightarrow{OA}$

$=(\vec{b}-\vec{a})-\frac{1}{2}\vec{a}$

$\boldsymbol{=\vec{b}-\frac{3}{2}\vec{a}}$

(4) $\overrightarrow{AC}=\overrightarrow{AB}+\overrightarrow{BC}$

$=(\overrightarrow{OB}-\overrightarrow{OA})-\overrightarrow{OA}$

$=(\vec{b}-\vec{a})-\vec{a}$

$\boldsymbol{=\vec{b}-2\vec{a}}$

(5) $\overrightarrow{FE}=\overrightarrow{FA}+\overrightarrow{AE}$

$=\frac{1}{2}(\overrightarrow{OA}-\overrightarrow{OB})-\frac{1}{2}\overrightarrow{OA}$

$=\frac{1}{2}(\vec{a}-\vec{b})-\frac{1}{2}\vec{a}$

$\boldsymbol{=-\frac{1}{2}\vec{b}}$

別解　$\overrightarrow{FE}=-\frac{1}{2}\overrightarrow{OB}$

$\boldsymbol{=-\frac{1}{2}\vec{b}}$

(6) $\overrightarrow{FG}=\overrightarrow{FB}+\overrightarrow{BG}$

$=\frac{1}{2}(\overrightarrow{OB}-\overrightarrow{OA})-\frac{1}{2}\overrightarrow{OA}$

$=\frac{1}{2}(\vec{b}-\vec{a})-\frac{1}{2}\vec{a}$

$\boldsymbol{=\frac{1}{2}\vec{b}-\vec{a}}$

(7) $\overrightarrow{OF}=\overrightarrow{OA}+\overrightarrow{AF}$

$=\overrightarrow{OA}+\frac{1}{2}(\overrightarrow{OB}-\overrightarrow{OA})$

$=\vec{a}+\frac{1}{2}(\vec{b}-\vec{a})$

$\boldsymbol{=\frac{1}{2}\vec{a}+\frac{1}{2}\vec{b}}$

(8) $\overrightarrow{HA}=\overrightarrow{HO}+\overrightarrow{OA}$

$=\overrightarrow{FA}+\overrightarrow{OA}$

$=\frac{1}{2}(\overrightarrow{OA}-\overrightarrow{OB})+\overrightarrow{OA}$

$=\frac{1}{2}(\vec{a}-\vec{b})+\vec{a}$

$\boldsymbol{=\frac{3}{2}\vec{a}-\frac{1}{2}\vec{b}}$

16 (1) $\overrightarrow{FC}=2\overrightarrow{AB}=\boldsymbol{2\vec{a}}$

(2) $\overrightarrow{OD}=\overrightarrow{BC}=\overrightarrow{AC}-\overrightarrow{AB}=\boldsymbol{\vec{b}-\vec{a}}$

(3) $\overrightarrow{AF}=\overrightarrow{AC}+\overrightarrow{CF}$
$=\overrightarrow{AC}-2\overrightarrow{AB}$
$=\boldsymbol{\vec{b}-2\vec{a}}$

(4) $\overrightarrow{BD}=\overrightarrow{BC}+\overrightarrow{CD}$
$=\overrightarrow{BC}+\overrightarrow{AF}$
$=(\vec{b}-\vec{a})+(\vec{b}-2\vec{a})$
$=\boldsymbol{2\vec{b}-3\vec{a}}$

(5) $\overrightarrow{EA}=-\overrightarrow{BD}=-(2\vec{b}-3\vec{a})$
$=\boldsymbol{3\vec{a}-2\vec{b}}$

(6) $\overrightarrow{CE}=\overrightarrow{CD}+\overrightarrow{DE}$
$=\overrightarrow{AF}-\overrightarrow{AB}$
$=(\vec{b}-2\vec{a})-\vec{a}$
$=\boldsymbol{\vec{b}-3\vec{a}}$

17 $\vec{a}=(1,\ 2)$, $|\vec{a}|=\sqrt{1^2+2^2}=\boldsymbol{\sqrt{5}}$
$\vec{b}=(-1,\ 3)$, $|\vec{b}|=\sqrt{(-1)^2+3^2}=\boldsymbol{\sqrt{10}}$
$\vec{c}=(-3,\ 2)$, $|\vec{c}|=\sqrt{(-3)^2+2^2}=\boldsymbol{\sqrt{13}}$
$\vec{d}=(-2,\ -4)$, $|\vec{d}|=\sqrt{(-2)^2+(-4)^2}$
$=\sqrt{20}=\boldsymbol{2\sqrt{5}}$
$\vec{e}=(2,\ 3)$, $|\vec{e}|=\sqrt{2^2+3^2}=\boldsymbol{\sqrt{13}}$
$\vec{f}=(4,\ -3)$, $|\vec{f}|=\sqrt{4^2+(-3)^2}=\sqrt{25}=\boldsymbol{5}$

18 (1) $3\vec{a}=3(-3,\ 1)=\boldsymbol{(-9,\ 3)}$

(2) $-2\vec{b}=-2(4,\ 2)=\boldsymbol{(-8,\ -4)}$

(3) $\vec{a}+2\vec{b}=(-3,\ 1)+2(4,\ 2)$
$=(-3,\ 1)+(8,\ 4)$
$=\boldsymbol{(5,\ 5)}$

(4) $2\vec{b}-3\vec{a}=2(4,\ 2)-3(-3,\ 1)$
$=(8,\ 4)-(-9,\ 3)$
$=\boldsymbol{(17,\ 1)}$

(5) $2(\vec{a}-\vec{b})+3(\vec{a}+\vec{b})$
$=2\vec{a}-2\vec{b}+3\vec{a}+3\vec{b}$
$=5\vec{a}+\vec{b}$
$=5(-3,\ 1)+(4,\ 2)$
$=(-15,\ 5)+(4,\ 2)$
$=\boldsymbol{(-11,\ 7)}$

(6) $2(3\vec{a}+4\vec{b})-5(\vec{a}+2\vec{b})$
$=6\vec{a}+8\vec{b}-5\vec{a}-10\vec{b}$
$=\vec{a}-2\vec{b}$
$=(-3,\ 1)-2(4,\ 2)$
$=(-3,\ 1)-(8,\ 4)$
$=\boldsymbol{(-11,\ -3)}$

19 (1) $\vec{a}/\!/\vec{b}$ のとき，$\vec{b}=k\vec{a}$ となる実数 k があることから
$(-1,\ x)=k(-2,\ 1)$
$(-1,\ x)=(-2k,\ k)$
よって，$-1=-2k$，$x=k$
したがって，$k=\frac{1}{2}$ であるから　$\boldsymbol{x=\frac{1}{2}}$

(2) $\vec{a}/\!/\vec{b}$ のとき，$\vec{b}=k\vec{a}$ となる実数 k があることから
$(6,\ 10)=k(x,\ 2)$
$(6,\ 10)=(kx,\ 2k)$
よって，$6=kx$，$10=2k$
したがって，$k=5$ であるから
$6=5x$ より　$\boldsymbol{x=\frac{6}{5}}$

20 求めるベクトルを $\vec{p}$ とすると，$\vec{a}/\!/\vec{p}$ より，
$\vec{p}=k\vec{a}=k(2,\ 3)=(2k,\ 3k)$
となる実数 k がある。
ここで，$|\vec{p}|=3\sqrt{13}$ より
$\sqrt{(2k)^2+(3k)^2}=3\sqrt{13}$
両辺を 2 乗して　$13k^2=9\times13$
ゆえに，$k^2=9$ より　$k=\pm3$
$k=3$ のとき　$\vec{p}=(6,\ 9)$
$k=-3$ のとき　$\vec{p}=(-6,\ -9)$
よって，求めるベクトルは
$\boldsymbol{(6,\ 9),\ (-6,\ -9)}$

21 求めるベクトルを $\vec{p}$ とすると，$\vec{a}$ と $\vec{p}$ は同じ向きであるから，k を正の実数として
$\vec{p}=k\vec{a}=k(4,\ -3)=(4k,\ -3k)$
と表される。
ここで，$|\vec{p}|=1$ より
$\sqrt{(4k)^2+(-3k)^2}=1$
両辺を 2 乗して　$25k^2=1$
ゆえに，$k^2=\frac{1}{25}$
$k>0$ より　$k=\frac{1}{5}$
よって，求めるベクトルは　$\boldsymbol{\left(\frac{4}{5},\ -\frac{3}{5}\right)}$

別解　$\vec{a}=(4,\ -3)$ より
$|\vec{a}|=\sqrt{4^2+(-3)^2}=\sqrt{25}=5$
よって，$\vec{a}$ と同じ向きの単位ベクトルは
$\vec{e}=\frac{\vec{a}}{|\vec{a}|}=\frac{\vec{a}}{5}=\frac{1}{5}(4,\ -3)=\boldsymbol{\left(\frac{4}{5},\ -\frac{3}{5}\right)}$

22 (1) $\vec{p}=m\vec{a}+n\vec{b}$ とおくと

$(-7,\ 7)=m(2,\ 1)+n(-1,\ 3)$

$(-7,\ 7)=(2m-n,\ m+3n)$

よって

$\begin{cases} 2m-n=-7 \\ m+3n=7 \end{cases}$

これを解いて

$m=-2,\ n=3$

したがって

$\boldsymbol{\vec{p}=-2\vec{a}+3\vec{b}}$

(2) $\vec{p}=m\vec{a}+n\vec{b}$ とおくと

$(-3,\ 4)=m(-3,\ 2)+n(2,\ -1)$

$(-3,\ 4)=(-3m+2n,\ 2m-n)$

よって

$\begin{cases} -3m+2n=-3 \\ 2m-n=4 \end{cases}$

これを解いて

$m=5,\ n=6$

したがって

$\boldsymbol{\vec{p}=5\vec{a}+6\vec{b}}$

(3) $\vec{p}=m\vec{a}+n\vec{b}$ とおくと

$(5,\ 3)=m(1,\ 2)+n(-2,\ 3)$

$(5,\ 3)=(m-2n,\ 2m+3n)$

よって

$\begin{cases} m-2n=5 \\ 2m+3n=3 \end{cases}$

これを解いて

$m=3,\ n=-1$

したがって

$\boldsymbol{\vec{p}=3\vec{a}-\vec{b}}$

23 $\overrightarrow{\mathbf{AB}}=(-1-2,\ 5-0)=\mathbf{(-3,\ 5)}$

$|\overrightarrow{\mathbf{AB}}|=\sqrt{(-3)^2+5^2}=\mathbf{\sqrt{34}}$

$\overrightarrow{\mathbf{BC}}=(-3-(-1),\ 2-5)=\mathbf{(-2,\ -3)}$

$|\overrightarrow{\mathbf{BC}}|=\sqrt{(-2)^2+(-3)^2}=\mathbf{\sqrt{13}}$

$\overrightarrow{\mathbf{CA}}=(2-(-3),\ 0-2)=\mathbf{(5,\ -2)}$

$|\overrightarrow{\mathbf{CA}}|=\sqrt{5^2+(-2)^2}=\mathbf{\sqrt{29}}$

24 A(2, 3), B(x, 1), C(−3, 4), D(0, y) について,

$\overrightarrow{\mathrm{AB}}=\overrightarrow{\mathrm{CD}}$ より

$(x-2,\ 1-3)=(0-(-3),\ y-4)$

$(x-2,\ -2)=(3,\ y-4)$

よって　$x-2=3,\ -2=y-4$

したがって　$\boldsymbol{x=5,\ y=2}$

25 四角形ABCDが平行四辺形となるのは, AD∥BC かつ AD=BC, すなわち $\overrightarrow{\mathrm{AD}}=\overrightarrow{\mathrm{BC}}$ のときである。

$\overrightarrow{\mathrm{AD}}=(-2-2,\ y-(-1))=(-4,\ y+1)$

$\overrightarrow{\mathrm{BC}}=(x-7,\ 5-2)=(x-7,\ 3)$

より　$(-4,\ y+1)=(x-7,\ 3)$

よって　$-4=x-7,\ y+1=3$

したがって　$\boldsymbol{x=3,\ y=2}$

別解　$\overrightarrow{\mathrm{AB}}+\overrightarrow{\mathrm{AD}}=\overrightarrow{\mathrm{AC}}$ となればよいから

$(7-2,\ 2-(-1))+(-2-2,\ y-(-1))$

$=(x-2,\ 5-(-1))$

$(5,\ 3)+(-4,\ y+1)=(x-2,\ 6)$

$(1,\ y+4)=(x-2,\ 6)$

よって　$1=x-2,\ y+4=6$

したがって　$\boldsymbol{x=3,\ y=2}$

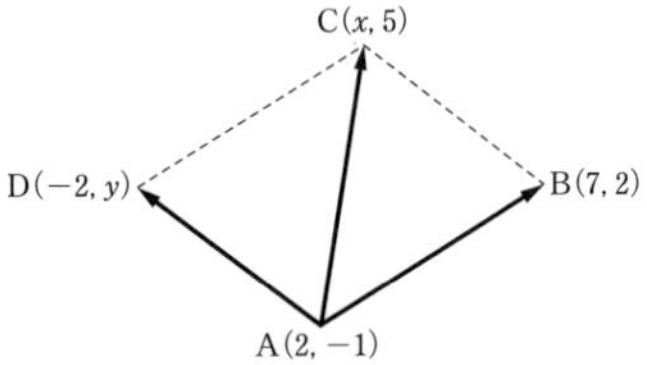

26 $2(\vec{a}+3\vec{b})=-3\vec{a}+2\vec{x}$

より

$2\vec{a}+6\vec{b}=-3\vec{a}+2\vec{x}$

$2\vec{x}=5\vec{a}+6\vec{b}$

$\vec{x}=\dfrac{5}{2}\vec{a}+3\vec{b}$

ここで, $\vec{a}=(-2,\ 4)$, $\vec{b}=(1,\ -3)$ であるから

$\vec{x}=\dfrac{5}{2}(-2,\ 4)+3(1,\ -3)$

$=(-5,\ 10)+(3,\ -9)$

$=\mathbf{(-2,\ 1)}$

27 $\vec{a}+2\vec{b}=3\vec{a}-2\vec{b}$

より

$2\vec{a}-4\vec{b}=\vec{0}$

ゆえに　$\vec{a}=2\vec{b}$

ここで, $\vec{a}=(x,\ 2)$, $\vec{b}=(1,\ y)$ であるから

$(x,\ 2)=2(1,\ y)$

$(x,\ 2)=(2,\ 2y)$

よって　$x=2,\ 2=2y$

したがって　$\boldsymbol{x=2,\ y=1}$

28 $(\vec{a}+t\vec{b})/\!/\vec{c}$ より $\vec{a}+t\vec{b}=k\vec{c}$
となる実数kがある。

$(3,\ 4)+t(1,\ -2)=k(-3,\ 1)$

$(t+3,\ -2t+4)=(-3k,\ k)$

よって

$\begin{cases} t+3=-3k & \cdots\cdots① \\ -2t+4=k & \cdots\cdots② \end{cases}$

①×2+② より

$10=-5k$

$k=-2$

①に代入して，$t+3=6$

$\boldsymbol{t=3}$

29 4点A，B，C，Dが平行四辺形の頂点となるのは，(i) 平行四辺形ABCD，(ii) 平行四辺形ABDC，(iii) 平行四辺形ADBCの3つの場合である。

(i) 平行四辺形ABCDのとき，$\overrightarrow{AB}=\overrightarrow{DC}$ より

$(-3-1,\ -4-2)=(5-x,\ -2-y)$

$(-4,\ -6)=(5-x,\ -2-y)$

$-4=5-x,\ -6=-2-y$

よって $\boldsymbol{x=9,\ y=4}$

(ii) 平行四辺形ABDCのとき，$\overrightarrow{AB}=\overrightarrow{CD}$ より

$(-3-1,\ -4-2)=(x-5,\ y-(-2))$

$(-4,\ -6)=(x-5,\ y+2)$

$-4=x-5,\ -6=y+2$

よって $\boldsymbol{x=1,\ y=-8}$

(iii) 平行四辺形ADBCのとき，$\overrightarrow{AD}=\overrightarrow{CB}$ より

$(x-1,\ y-2)=(-3-5,\ -4-(-2))$

$(x-1,\ y-2)=(-8,\ -2)$

$x-1=-8,\ y-2=-2$

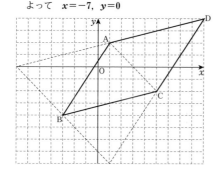

よって $\boldsymbol{x=-7,\ y=0}$

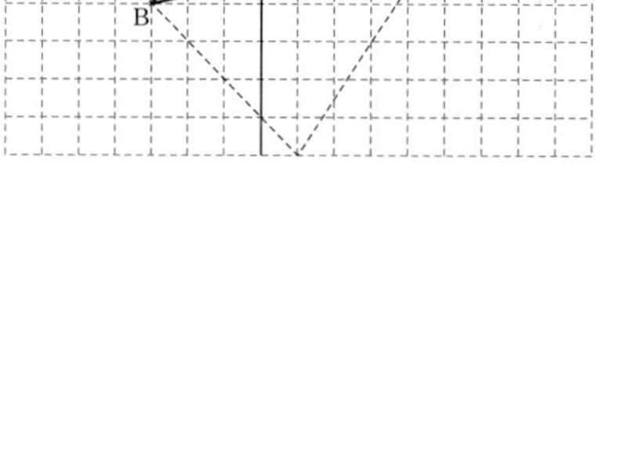

30 $\vec{a}+t\vec{b}=(2,\ 1)+t(-3,\ 2)$

$=(2-3t,\ 1+2t)$

であるから

$|\vec{a}+t\vec{b}|^2=(2-3t)^2+(1+2t)^2$

$=13t^2-8t+5$

$=13\left(t-\dfrac{4}{13}\right)^2+\dfrac{49}{13}$

$|\vec{a}+t\vec{b}|^2$ が最小のとき，$|a+t\vec{b}|$ も最小になる。

よって，$|\vec{a}+t\vec{b}|$ は $\boldsymbol{t=\dfrac{4}{13}}$ **のとき，最小値** $\boldsymbol{\dfrac{7\sqrt{13}}{13}}$

をとる。

31 (1) $\vec{a}\cdot\vec{b}=|\vec{a}||\vec{b}|\cos 45^\circ$

$=2\times\sqrt{2}\times\dfrac{1}{\sqrt{2}}$

$=\boldsymbol{2}$

(2) $\vec{a}\cdot\vec{b}=|\vec{a}||\vec{b}|\cos 150^\circ$

$=1\times5\times\left(-\dfrac{\sqrt{3}}{2}\right)$

$=\boldsymbol{-\dfrac{5\sqrt{3}}{2}}$

32 (1) $\overrightarrow{CA}\cdot\overrightarrow{CB}=|\overrightarrow{CA}||\overrightarrow{CB}|\cos 45^\circ$

$=\sqrt{6}\times(1+\sqrt{3})\times\dfrac{1}{\sqrt{2}}$

$=\sqrt{3}(1+\sqrt{3})$

$=\boldsymbol{\sqrt{3}+3}$

(2) $\overrightarrow{BA}\cdot\overrightarrow{BC}=|\overrightarrow{BA}||\overrightarrow{BC}|\cos 60^\circ$

$=2\times(1+\sqrt{3})\times\dfrac{1}{2}$

$=\boldsymbol{1+\sqrt{3}}$

(3) $\overrightarrow{AB}$ と $\overrightarrow{BC}$ のなす角は 120° であるから

$\overrightarrow{AB}\cdot\overrightarrow{BC}=|\overrightarrow{AB}||\overrightarrow{BC}|\cos 120^\circ$

$=2\times(1+\sqrt{3})\times\left(-\dfrac{1}{2}\right)$

$=\boldsymbol{-1-\sqrt{3}}$

33 (1) $\vec{a}\cdot\vec{b}=4\times3+(-3)\times2=\boldsymbol{6}$

(2) $\vec{a}\cdot\vec{b}=1\times5+(-3)\times(-6)=\boldsymbol{23}$

(3) $\vec{a}\cdot\vec{b}=3\times(-8)+4\times6=\boldsymbol{0}$

(4) $\vec{a}\cdot\vec{b}=1\times\sqrt{2}+(-\sqrt{2})\times(-3)=\boldsymbol{4\sqrt{2}}$

34 (1) $\cos\theta=\dfrac{\vec{a}\cdot\vec{b}}{|\vec{a}||\vec{b}|}=\dfrac{6}{3\times4}=\dfrac{1}{2}$

よって，$0^\circ\leqq\theta\leqq180^\circ$ より $\boldsymbol{\theta=60^\circ}$

(2) $\cos\theta=\dfrac{\vec{a}\cdot\vec{b}}{|\vec{a}||\vec{b}|}=\dfrac{0}{\sqrt{2}\times\sqrt{5}}=0$

よって，$0^\circ \leqq \theta \leqq 180^\circ$ より　$\boldsymbol{\theta=90^\circ}$

35　$\cos\theta=\dfrac{\vec{a}\cdot\vec{b}}{|\vec{a}||\vec{b}|}=\dfrac{a_1b_1+a_2b_2}{\sqrt{a_1{}^2+a_2{}^2}\sqrt{b_1{}^2+b_2{}^2}}$ より

(1)　$\cos\theta=\dfrac{3\times(-1)+(-1)\times2}{\sqrt{3^2+(-1)^2}\times\sqrt{(-1)^2+2^2}}$

$=\dfrac{-5}{\sqrt{10}\times\sqrt{5}}$

$=-\dfrac{1}{\sqrt{2}}$

よって，$0^\circ \leqq \theta \leqq 180^\circ$ より　$\boldsymbol{\theta=135^\circ}$

(2)　$\cos\theta=\dfrac{\sqrt{3}\times\sqrt{3}+3\times1}{\sqrt{(\sqrt{3})^2+3^2}\times\sqrt{(\sqrt{3})^2+1^2}}$

$=\dfrac{6}{2\sqrt{3}\times2}$

$=\dfrac{\sqrt{3}}{2}$

よって，$0^\circ \leqq \theta \leqq 180^\circ$ より　$\boldsymbol{\theta=30^\circ}$

(3)　$\cos\theta=\dfrac{3\times(-6)+2\times9}{\sqrt{3^2+2^2}\times\sqrt{(-6)^2+9^2}}$

$=0$

よって，$0^\circ \leqq \theta \leqq 180^\circ$ より　$\boldsymbol{\theta=90^\circ}$

(4)　$\cos\theta=\dfrac{(\sqrt{3}+1)\times(-2)+(\sqrt{3}-1)\times2}{\sqrt{(\sqrt{3}+1)^2+(\sqrt{3}-1)^2}\times\sqrt{(-2)^2+2^2}}$

$=\dfrac{-4}{2\sqrt{2}\times2\sqrt{2}}$

$=-\dfrac{1}{2}$

よって，$0^\circ \leqq \theta \leqq 180^\circ$ より　$\boldsymbol{\theta=120^\circ}$

36　(1)　$\vec{a}\cdot\vec{b}=6\times x+(-1)\times4=0$

よって　$\boldsymbol{x=\dfrac{2}{3}}$

(2)　$\vec{a}\cdot\vec{b}=x\times5+3\times(x-6)=0$

よって　$\boldsymbol{x=\dfrac{9}{4}}$

37　(1)　$(\vec{a}+2\vec{b})\cdot(\vec{a}-2\vec{b})$

$=\vec{a}\cdot(\vec{a}-2\vec{b})+2\vec{b}\cdot(\vec{a}-2\vec{b})$

$=\vec{a}\cdot\vec{a}-2\vec{a}\cdot\vec{b}+2\vec{b}\cdot\vec{a}-4\vec{b}\cdot\vec{b}$

$=\vec{a}\cdot\vec{a}-4\vec{b}\cdot\vec{b}$

$=|\vec{a}|^2-4|\vec{b}|^2$

よって　$(\vec{a}+2\vec{b})\cdot(\vec{a}-2\vec{b})=|\vec{a}|^2-4|\vec{b}|^2$

(2)　$|3\vec{a}+2\vec{b}|^2$

$=(3\vec{a}+2\vec{b})\cdot(3\vec{a}+2\vec{b})$

$=9\vec{a}\cdot\vec{a}+6\vec{a}\cdot\vec{b}+6\vec{b}\cdot\vec{a}+4\vec{b}\cdot\vec{b}$

$=9|\vec{a}|^2+12\vec{a}\cdot\vec{b}+4|\vec{b}|^2$

よって　$|3\vec{a}+2\vec{b}|^2=9|\vec{a}|^2+12\vec{a}\cdot\vec{b}+4|\vec{b}|^2$

38　(1)　$\cos60^\circ$

$=\dfrac{-x\times x+\sqrt{3}\times\sqrt{3}}{\sqrt{(-x)^2+(\sqrt{3})^2}\times\sqrt{x^2+(\sqrt{3})^2}}$

$\dfrac{1}{2}=\dfrac{-x^2+3}{x^2+3}$

$x^2+3=-2x^2+6$

$3x^2=3$

$x^2=1$

$\boldsymbol{x=\pm1}$

(2)　$\vec{a}+\vec{b}=(2,\ -3)+(x,\ 4)$

$=(x+2,\ 1)$

$3\vec{a}+\vec{b}=3(2,\ -3)+(x,\ 4)$

$=(x+6,\ -5)$

$(\vec{a}+\vec{b})\perp(3\vec{a}+\vec{b})$

$\Longleftrightarrow (\vec{a}+\vec{b})\cdot(3\vec{a}+\vec{b})=0$

より

$(x+2)\times(x+6)+1\times(-5)=0$

$x^2+8x+7=0$

$(x+1)(x+7)=0$

$\boldsymbol{x=-1,\ -7}$

39　求めるベクトルを $\vec{p}=(x,\ y)$ とする。

$\vec{a}\perp\vec{p}$ より　$\vec{a}\cdot\vec{p}=0$

ゆえに　$5x+\sqrt{2}\,y=0$　……①

また，$|\vec{p}|=9$ より

$\sqrt{x^2+y^2}=9$

両辺を 2 乗して

$x^2+y^2=81$　……②

ここで，①より　$y=-\dfrac{5}{\sqrt{2}}x$　……③

②に代入して

$x^2+\left(-\dfrac{5}{\sqrt{2}}x\right)^2=81$

$x^2+\dfrac{25}{2}x^2=81$

$2x^2+25x^2=162$

$27x^2=162$

$x^2=6$

よって　$x=\pm\sqrt{6}$

③より　$x=\sqrt{6}$ のとき　$y=-5\sqrt{3}$

$x=-\sqrt{6}$ のとき　$y=5\sqrt{3}$

したがって，求めるベクトルは

$\boldsymbol{(\sqrt{6},\ -5\sqrt{3}),\ (-\sqrt{6},\ 5\sqrt{3})}$

40 求めるベクトルを $\vec{p}=(x,\ y)$ とすると

$\vec{a}\perp\vec{p}$ より　$\vec{a}\cdot\vec{p}=0$

ゆえに　$4x-3y=0$　……①

また，$|\vec{p}|=1$ より　$\sqrt{x^2+y^2}=1$

両辺を2乗して

$x^2+y^2=1$　……②

ここで，①より　$y=\dfrac{4}{3}x$　……③

②に代入して

$x^2+\left(\dfrac{4}{3}x\right)^2=1$

$x^2+\dfrac{16}{9}x^2=1$

$9x^2+16x^2=9$

$25x^2=9$

$x^2=\dfrac{9}{25}$

よって　$x=\pm\dfrac{3}{5}$

③より

$x=\dfrac{3}{5}$ のとき　$y=\dfrac{4}{5}$

$x=-\dfrac{3}{5}$ のとき　$y=-\dfrac{4}{5}$

したがって，求めるベクトルは

$\boldsymbol{\left(\dfrac{3}{5},\ \dfrac{4}{5}\right),\ \left(-\dfrac{3}{5},\ -\dfrac{4}{5}\right)}$

41 (1) $|\vec{a}-\vec{b}|^2=(\vec{a}-\vec{b})\cdot(\vec{a}-\vec{b})$

$=\vec{a}\cdot\vec{a}-\vec{a}\cdot\vec{b}-\vec{b}\cdot\vec{a}+\vec{b}\cdot\vec{b}$

$=|\vec{a}|^2-2\vec{a}\cdot\vec{b}+|\vec{b}|^2$

$=3^2-2\times2+1^2$

$=9-4+1$

$=6$

ここで，$|\vec{a}-\vec{b}|\geqq0$ であるから

$|\vec{a}-\vec{b}|=\boldsymbol{\sqrt{6}}$

(2) $|\vec{a}+3\vec{b}|^2=(\vec{a}+3\vec{b})\cdot(\vec{a}+3\vec{b})$

$=\vec{a}\cdot\vec{a}+3\vec{a}\cdot\vec{b}+3\vec{b}\cdot\vec{a}+9\vec{b}\cdot\vec{b}$

$=|\vec{a}|^2+6\vec{a}\cdot\vec{b}+9|\vec{b}|^2$

$=3^2+6\times2+9\times1^2$

$=9+12+9$

$=30$

ここで，$|\vec{a}+3\vec{b}|\geqq0$ であるから

$|\vec{a}+3\vec{b}|=\boldsymbol{\sqrt{30}}$

42 $\vec{a}\cdot\vec{b}=|\vec{a}||\vec{b}|\cos45^\circ$

$=\sqrt{2}\times3\times\dfrac{1}{\sqrt{2}}$

$=3$

よって

$|\vec{a}+2\vec{b}|^2=(\vec{a}+2\vec{b})\cdot(\vec{a}+2\vec{b})$

$=\vec{a}\cdot\vec{a}+2\vec{a}\cdot\vec{b}+2\vec{b}\cdot\vec{a}+4\vec{b}\cdot\vec{b}$

$=|\vec{a}|^2+4\vec{a}\cdot\vec{b}+4|\vec{b}|^2$

$=(\sqrt{2})^2+4\times3+4\times3^2$

$=2+12+36$

$=50$

ここで，$|\vec{a}+2\vec{b}|\geqq0$ であるから

$|\vec{a}+2\vec{b}|=\sqrt{50}=\boldsymbol{5\sqrt{2}}$

43 $|2\vec{a}+\vec{b}|=5$ より

$|2\vec{a}+\vec{b}|^2=5^2$

$(2\vec{a}+\vec{b})\cdot(2\vec{a}+\vec{b})=25$

$4\vec{a}\cdot\vec{a}+2\vec{a}\cdot\vec{b}+2\vec{b}\cdot\vec{a}+\vec{b}\cdot\vec{b}=25$

$4|\vec{a}|^2+4\vec{a}\cdot\vec{b}+|\vec{b}|^2=25$

$4\times1^2+4\vec{a}\cdot\vec{b}+4^2=25$

$4\vec{a}\cdot\vec{b}=5$

$\vec{a}\cdot\vec{b}=\boldsymbol{\dfrac{5}{4}}$

44 (1) $|\vec{a}-\vec{b}|=\sqrt{7}$ より

$|\vec{a}-\vec{b}|^2=(\sqrt{7})^2$

$(\vec{a}-\vec{b})\cdot(\vec{a}-\vec{b})=7$

$\vec{a}\cdot\vec{a}-\vec{a}\cdot\vec{b}-\vec{b}\cdot\vec{a}+\vec{b}\cdot\vec{b}=7$

$|\vec{a}|^2-2\vec{a}\cdot\vec{b}+|\vec{b}|^2=7$

$2^2-2\vec{a}\cdot\vec{b}+3^2=7$

$-2\vec{a}\cdot\vec{b}=-6$

$\vec{a}\cdot\vec{b}=3$

よって　$\cos\theta=\dfrac{\vec{a}\cdot\vec{b}}{|\vec{a}||\vec{b}|}=\dfrac{3}{2\times3}=\dfrac{1}{2}$

したがって，$0^\circ\leqq\theta\leqq180^\circ$ より　$\boldsymbol{\theta=60^\circ}$

(2) $|\vec{a}+\vec{b}|^2=|\vec{a}-\vec{b}|^2$

$(\vec{a}+\vec{b})\cdot(\vec{a}+\vec{b})=(\vec{a}-\vec{b})\cdot(\vec{a}-\vec{b})$

$\vec{a}\cdot\vec{a}+\vec{a}\cdot\vec{b}+\vec{b}\cdot\vec{a}+\vec{b}\cdot\vec{b}$

$=\vec{a}\cdot\vec{a}-\vec{a}\cdot\vec{b}-\vec{b}\cdot\vec{a}+\vec{b}\cdot\vec{b}$

$4\vec{a}\cdot\vec{b}=0$

$\vec{a}\cdot\vec{b}=0$

したがって，$0^\circ\leqq\theta\leqq180^\circ$ より　$\boldsymbol{\theta=90^\circ}$

45 $|\vec{a}+2\vec{b}|^2$

$=(\vec{a}+2\vec{b})\cdot(\vec{a}+2\vec{b})$

$=|\vec{a}|^2+4\vec{a}\cdot\vec{b}+4|\vec{b}|^2$

ここで，$|\vec{a}|=2$，$|\vec{b}|=1$，$|\vec{a}+2\vec{b}|=3$ より

$3^2=2^2+4\vec{a}\cdot\vec{b}+4\times1^2$

$4\vec{a}\cdot\vec{b}=1$

ゆえに　$\vec{a}\cdot\vec{b}=\dfrac{1}{4}$

よって

$(2\vec{a}+3\vec{b})\cdot(\vec{a}-\vec{b})=2|\vec{a}|^2+\vec{a}\cdot\vec{b}-3|\vec{b}|^2$

$=2\times2^2+\dfrac{1}{4}-3\times1^2$

$=\mathbf{\dfrac{21}{4}}$

46　$(\vec{a}+\vec{b})\perp(\vec{a}+t\vec{b})$ より

$(\vec{a}+\vec{b})\cdot(\vec{a}+t\vec{b})=0$

$|\vec{a}|^2+(t+1)\vec{a}\cdot\vec{b}+t|\vec{b}|^2=0$

ここで，$|\vec{a}|=2$，$|\vec{b}|=3$，$\vec{a}\cdot\vec{b}=-1$ より

$2^2+(t+1)\times(-1)+t\times3^2=0$

ゆえに　$8t+3=0$

よって　$\boldsymbol{t=-\dfrac{3}{8}}$

47　(1)　$\overrightarrow{\mathrm{AB}}=(1,\ -2)$，$\overrightarrow{\mathrm{AC}}=(3,\ 1)$　より

$\cos\theta=\dfrac{1\times3+(-2)\times1}{\sqrt{1^2+(-2)^2}\times\sqrt{3^2+1^2}}=\mathbf{\dfrac{1}{5\sqrt{2}}}$

(2)　$\sin^2\theta+\cos^2\theta=1$ より

$\sin^2\theta=1-\cos^2\theta=1-\dfrac{1}{50}=\dfrac{49}{50}$

$0^\circ\leqq\theta\leqq180^\circ$ であるから　$\sin\theta\geqq0$

よって　$\sin\theta=\sqrt{\dfrac{49}{50}}=\dfrac{7}{5\sqrt{2}}$

したがって　$S=\dfrac{1}{2}\times\mathrm{AB}\times\mathrm{AC}\times\sin\theta$

$=\dfrac{1}{2}\times\sqrt{5}\times\sqrt{10}\times\dfrac{7}{5\sqrt{2}}$

$=\mathbf{\dfrac{7}{2}}$

別解 1

$S=\dfrac{1}{2}\sqrt{|\overrightarrow{\mathrm{AB}}|^2|\overrightarrow{\mathrm{AC}}|^2-(\overrightarrow{\mathrm{AB}}\cdot\overrightarrow{\mathrm{AC}})^2}$

$=\dfrac{1}{2}\sqrt{5\times10-1^2}=\mathbf{\dfrac{7}{2}}$

別解 2

$S=\dfrac{1}{2}|1\times1-(-2)\times3|=\mathbf{\dfrac{7}{2}}$

48　(1)　$\overrightarrow{\mathrm{AB}}=(4,\ 1)$，$\overrightarrow{\mathrm{AC}}=(2,\ 3)$ より

$S=\dfrac{1}{2}|4\times3-1\times2|=\mathbf{5}$

(2)　$\overrightarrow{\mathrm{AB}}=(3,\ -2)$，$\overrightarrow{\mathrm{AC}}=(-2,\ -4)$ より

$S=\dfrac{1}{2}|3\times(-4)-(-2)\times(-2)|=\mathbf{8}$

49　$\vec{p}=\dfrac{4\vec{a}+3\vec{b}}{3+4}=\boldsymbol{\dfrac{4\vec{a}+3\vec{b}}{7}}$

$\vec{q}=\dfrac{-2\vec{a}+5\vec{b}}{5-2}=\boldsymbol{\dfrac{-2\vec{a}+5\vec{b}}{3}}$

50　$\vec{l}=\dfrac{3\vec{b}+\vec{c}}{1+3}=\boldsymbol{\dfrac{3\vec{b}+\vec{c}}{4}}$

$\boldsymbol{\vec{m}=\dfrac{3}{4}\vec{c}}$

$\boldsymbol{\vec{n}=\dfrac{1}{4}\vec{b}}$

51

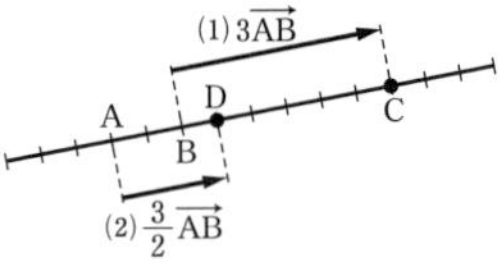

52　(1)　3 点 A，B，C が一直線上にあるとき，

$\overrightarrow{\mathrm{AC}}=k\overrightarrow{\mathrm{AB}}$ となる実数 k がある。

$(x-3,\ -4)=k(6,\ 4)$ より

$\begin{cases}x-3=6k\\-4=4k\end{cases}$

これを解いて　$k=-1$

よって　$\boldsymbol{x=-3}$

(2)　3 点 A，B，C が一直線上にあるとき，

$\overrightarrow{\mathrm{CA}}=k\overrightarrow{\mathrm{CB}}$ となる実数 k がある。

$(-4,\ y-1)=k(8,\ -2)$ より

$\begin{cases}-4=8k\\y-1=-2k\end{cases}$

これを解いて　$k=-\dfrac{1}{2}$

よって　$\boldsymbol{y=2}$

53　(1)　$\vec{l}=\dfrac{2\vec{b}+3\vec{c}}{3+2}=\boldsymbol{\dfrac{2\vec{b}+3\vec{c}}{5}}$

$\vec{m}=\dfrac{2\vec{c}+3\vec{a}}{3+2}=\boldsymbol{\dfrac{2\vec{c}+3\vec{a}}{5}}$

$\vec{n}=\dfrac{2\vec{a}+3\vec{b}}{3+2}=\boldsymbol{\dfrac{2\vec{a}+3\vec{b}}{5}}$

(2)　$\vec{g}=\dfrac{\vec{l}+\vec{m}+\vec{n}}{3}$

$=\dfrac{\dfrac{2\vec{b}+3\vec{c}}{5}+\dfrac{2\vec{c}+3\vec{a}}{5}+\dfrac{2\vec{a}+3\vec{b}}{5}}{3}$

$=\dfrac{\dfrac{5\vec{a}+5\vec{b}+5\vec{c}}{5}}{3}$

$=\dfrac{\vec{a}+\vec{b}+\vec{c}}{3}$

(3) $\overrightarrow{AL}+\overrightarrow{BM}+\overrightarrow{CN}$

$=(\vec{l}-\vec{a})+(\vec{m}-\vec{b})+(\vec{n}-\vec{c})$

$=\vec{l}+\vec{m}+\vec{n}-(\vec{a}+\vec{b}+\vec{c})$

$=\dfrac{2\vec{b}+3\vec{c}}{5}+\dfrac{2\vec{c}+3\vec{a}}{5}+\dfrac{2\vec{a}+3\vec{b}}{5}-(\vec{a}+\vec{b}+\vec{c})$

$=\vec{a}+\vec{b}+\vec{c}-(\vec{a}+\vec{b}+\vec{c})$

$=\vec{0}$

よって　$\overrightarrow{AL}+\overrightarrow{BM}+\overrightarrow{CN}=\vec{0}$

54

点Aを基準とする点B，Dの位置ベクトルを，それぞれ $\vec{b}$，$\vec{d}$ とする。
このとき，点P，Q，Rの位置ベクトルを，それぞれ $\vec{p}$，$\vec{q}$，$\vec{r}$ として，これらを $\vec{b}$，$\vec{d}$ で表すと

$\vec{p}=\dfrac{2}{3}\vec{b}$

$\vec{q}=\dfrac{1}{4}(\vec{b}+\vec{d})$

$\vec{r}=\dfrac{2}{5}\vec{d}$

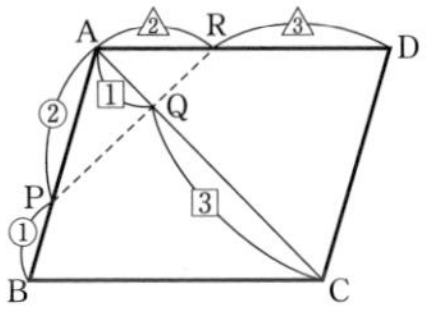

よって

$\overrightarrow{PQ}=\vec{q}-\vec{p}$

$=\dfrac{1}{4}(\vec{b}+\vec{d})-\dfrac{2}{3}\vec{b}$

$=\dfrac{-5\vec{b}+3\vec{d}}{12}$ ……①

$\overrightarrow{PR}=\vec{r}-\vec{p}=\dfrac{2}{5}\vec{d}-\dfrac{2}{3}\vec{b}$

$=\dfrac{-10\vec{b}+6\vec{d}}{15}=\dfrac{2(-5\vec{b}+3\vec{d})}{15}$

$=\dfrac{8}{5}\times\dfrac{-5\vec{b}+3\vec{d}}{12}$

ゆえに，①より　$\overrightarrow{PR}=\dfrac{8}{5}\overrightarrow{PQ}$

したがって，3点P，Q，Rは一直線上にある。

55

点Aを基準とする点B，Cの位置ベクトルを，それぞれ $\vec{b}$，$\vec{c}$ とする。
このとき，点D，E，Fの位置ベクトルを，それぞれ $\vec{d}$，$\vec{e}$，$\vec{f}$ として，これらを $\vec{b}$，$\vec{c}$ で表すと

$\vec{d}=\dfrac{1}{3}\vec{b}$

$\vec{e}=\dfrac{1}{2}\vec{c}$

$\vec{f}=\dfrac{-\vec{b}+2\vec{c}}{2-1}$

$=2\vec{c}-\vec{b}$

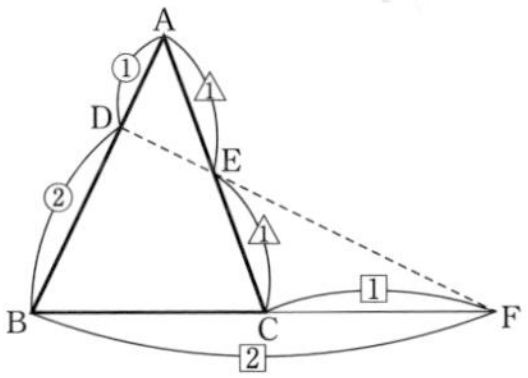

よって

$\overrightarrow{DE}=\vec{e}-\vec{d}$

$=\dfrac{1}{2}\vec{c}-\dfrac{1}{3}\vec{b}$

$=\dfrac{-2\vec{b}+3\vec{c}}{6}$ ……①

$\overrightarrow{DF}=\vec{f}-\vec{d}$

$=(2\vec{c}-\vec{b})-\dfrac{1}{3}\vec{b}$

$=-\dfrac{4}{3}\vec{b}+2\vec{c}$

$=\dfrac{-4\vec{b}+6\vec{c}}{3}$

$=\dfrac{2(-2\vec{b}+3\vec{c})}{3}$

$=4\times\dfrac{-2\vec{b}+3\vec{c}}{6}$

ゆえに，①より　$\overrightarrow{DF}=4\overrightarrow{DE}$

したがって，3点D，E，Fは一直線上にある。

56

AP：PM$=s:(1-s)$ とすると

$\overrightarrow{OM}=\dfrac{1}{3}\vec{b}$ より

$\overrightarrow{OP}=(1-s)\vec{a}+\dfrac{1}{3}s\vec{b}$ ……①

BP：PL$=t:(1-t)$ とすると

$\overrightarrow{OL}=\dfrac{1}{2}\vec{a}$ より

$\overrightarrow{OP}=\dfrac{1}{2}t\vec{a}+(1-t)\vec{b}$ ……②

①，②より

$(1-s)\vec{a}+\dfrac{1}{3}s\vec{b}=\dfrac{1}{2}t\vec{a}+(1-t)\vec{b}$

$\vec{a}\neq\vec{0}$，$\vec{b}\neq\vec{0}$ で $\vec{a}$，$\vec{b}$ は平行でないから

$$\begin{cases}1-s=\dfrac{1}{2}t\\[4pt]\dfrac{1}{3}s=1-t\end{cases}$$

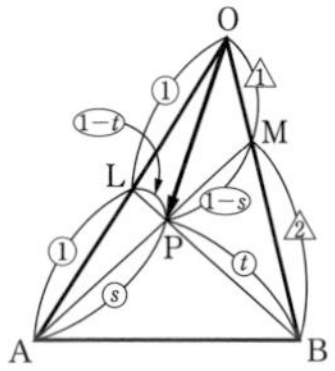

これを解いて

$s=\dfrac{3}{5}$，$t=\dfrac{4}{5}$

よって

$\boldsymbol{\overrightarrow{OP}=\dfrac{2}{5}\vec{a}+\dfrac{1}{5}\vec{b}}$

57

AP：PM$=s:(1-s)$ とすると

$\overrightarrow{OM}=\dfrac{2}{3}\vec{b}$ より

$\overrightarrow{OP}=(1-s)\vec{a}+\dfrac{2}{3}s\vec{b}$ ……①

BP：PL$=t:(1-t)$ とすると

$\overrightarrow{OL}=\frac{3}{5}\vec{a}$ より

$\overrightarrow{OP}=\frac{3}{5}t\vec{a}+(1-t)\vec{b}$ ……②

①，②より

$(1-s)\vec{a}+\frac{2}{3}s\vec{b}=\frac{3}{5}t\vec{a}+(1-t)\vec{b}$

$\vec{a}\neq\vec{0}$，$\vec{b}\neq\vec{0}$ で，$\vec{a}$，$\vec{b}$ は平行でないから

$$\begin{cases}1-s=\frac{3}{5}t\\ \frac{2}{3}s=1-t\end{cases}$$

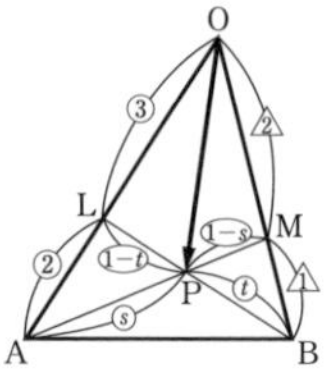

これを解いて

$s=\frac{2}{3}$，$t=\frac{5}{9}$

よって

$\boldsymbol{\overrightarrow{OP}=\frac{1}{3}\vec{a}+\frac{4}{9}\vec{b}}$

58

$\overrightarrow{AB}=\vec{b}$，$\overrightarrow{AC}=\vec{c}$ とすると

$\angle BAC=90°$ より　$\vec{b}\cdot\vec{c}=0$ ……①

$\overrightarrow{AP}=\frac{\vec{b}+2\vec{c}}{3}$

$=\frac{1}{3}\vec{b}+\frac{2}{3}\vec{c}$

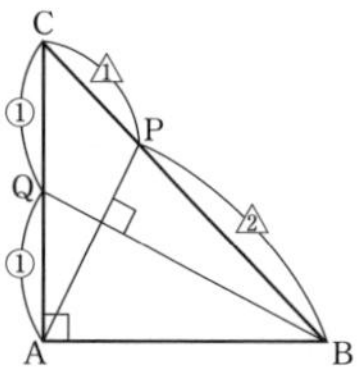

$\overrightarrow{BQ}=\overrightarrow{BA}+\overrightarrow{AQ}$

$=-\overrightarrow{AB}+\frac{1}{2}\overrightarrow{AC}$

$=-\vec{b}+\frac{1}{2}\vec{c}$

$\overrightarrow{AP}\perp\overrightarrow{BQ}$　ならば　$\overrightarrow{AP}\cdot\overrightarrow{BQ}=0$ より

$\left(\frac{1}{3}\vec{b}+\frac{2}{3}\vec{c}\right)\cdot\left(-\vec{b}+\frac{1}{2}\vec{c}\right)=0$

$-\frac{1}{3}|\vec{b}|^2-\frac{1}{2}\vec{b}\cdot\vec{c}+\frac{1}{3}|\vec{c}|^2=0$

①より

$-\frac{1}{3}|\vec{b}|^2+\frac{1}{3}|\vec{c}|^2=0$

$|\vec{b}|^2=|\vec{c}|^2$

ゆえに，$|\vec{b}|=|\vec{c}|$ であるから　$|\overrightarrow{AB}|=|\overrightarrow{AC}|$

よって　AB$=$AC

したがって，AP⊥BQ ならば AB$=$AC となる。

59

(1)　$2\overrightarrow{AP}+3\overrightarrow{BP}+4\overrightarrow{CP}=\vec{0}$ より

$2\overrightarrow{AP}+3(\overrightarrow{AP}-\overrightarrow{AB})+4(\overrightarrow{AP}-\overrightarrow{AC})=\vec{0}$

$9\overrightarrow{AP}=3\overrightarrow{AB}+4\overrightarrow{AC}$

よって

$\overrightarrow{AP}=\frac{3\overrightarrow{AB}+4\overrightarrow{AC}}{9}$

$=\frac{7}{9}\cdot\frac{3\overrightarrow{AB}+4\overrightarrow{AC}}{7}$

ここで，辺BC を 4：3 に内分する点をDとすると

$\overrightarrow{AD}=\frac{3\overrightarrow{AB}+4\overrightarrow{AC}}{7}$ であるから

$\overrightarrow{AP}=\frac{7}{9}\overrightarrow{AD}$

したがって，辺BC を4：3に内分する点をDとするとき，**点Pは線分 AD を7：2に内分する点**である。

(2)　△ABC の面積をSとおくと，

BD：DC$=$4：3 であるから

△ADB$=\frac{4}{7}S$，△ADC$=\frac{3}{7}S$

AP：PD$=$7：2 であるから

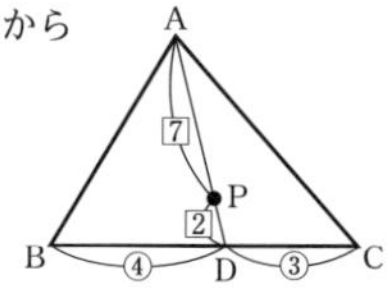

△PAB$=\frac{7}{9}$△ADB

$=\frac{7}{9}\cdot\frac{4}{7}S$

$=\frac{4}{9}S$

△PCA$=\frac{7}{9}$△ADC

$=\frac{7}{9}\cdot\frac{3}{7}S$

$=\frac{1}{3}S$

△PBC$=S-\frac{4}{9}S-\frac{1}{3}S$

$=\frac{2}{9}S$

よって，△PAB：△PBC：△PCA

$=\frac{4}{9}S:\frac{2}{9}S:\frac{1}{3}S$

$=$**4：2：3**

60

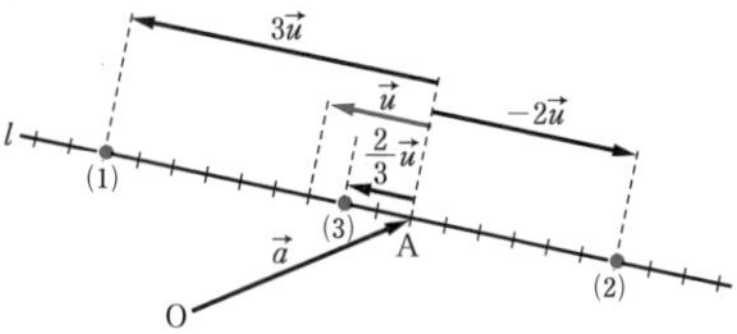

61 (1) $(x,\ y)=(2,\ 3)+t(-1,\ 2)$ より

$$\begin{cases} \boldsymbol{x=2-t} \\ \boldsymbol{y=3+2t} \end{cases}$$

また，t を消去して得られる直線の方程式は

$y-3=2(2-x)$

すなわち　$\boldsymbol{y=-2x+7}$

(2) $(x,\ y)=(5,\ 0)+t(3,\ -4)$ より

$$\begin{cases} \boldsymbol{x=5+3t} \\ \boldsymbol{y=-4t} \end{cases}$$

また，t を消去して得られる直線の方程式は

$y=-4\left(\frac{1}{3}x-\frac{5}{3}\right)$

すなわち　$\boldsymbol{y=-\frac{4}{3}x+\frac{20}{3}}$

62

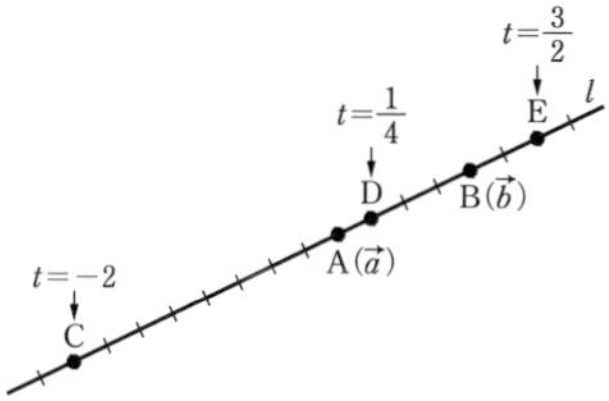

63 (1) 求める直線上の点を $\vec{p}=(x,\ y)$ とすると

$3(x-2)+2(y-4)=0$ より

$\boldsymbol{3x+2y-14=0}$

(2) $\boldsymbol{(3,\ -4)}$

64 (1) 中心の位置ベクトル $\boldsymbol{-\vec{a}}$

半径　**4**

(2) $|3\vec{p}-\vec{a}|=27$ より　$3\left|\vec{p}-\frac{1}{3}\vec{a}\right|=27$

ゆえに　$\left|\vec{p}-\frac{1}{3}\vec{a}\right|=9$

よって　$|3\vec{p}-\vec{a}|=27$ は

中心の位置ベクトル　$\boldsymbol{\frac{1}{3}\vec{a}}$

半径　**9**

65 $\overrightarrow{AB}=(2,\ 3)$ であるから

$(x,\ y)=(4,\ 5)+t(2,\ 3)$ より

$$\begin{cases} \boldsymbol{x=4+2t} \quad \cdots\cdots① \\ \boldsymbol{y=5+3t} \quad \cdots\cdots② \end{cases}$$

①×3−②×2 より

$3x-2y=2$

$\boldsymbol{y=\frac{3}{2}x-1}$

注意　通る点を点Bと考えて

$$\begin{cases} \boldsymbol{x=6+2t} \\ \boldsymbol{y=8+3t} \end{cases}$$

としてもよい。

この場合も t を消去すると

$\boldsymbol{y=\frac{3}{2}x-1}$

が得られる。

66 (1) $s+t=1$ より　$s=1-t$

$\overrightarrow{OP}=s\overrightarrow{OA}+t\overrightarrow{OB}$

$=(1-t)\overrightarrow{OA}+t\overrightarrow{OB}$

$=\overrightarrow{OA}+t(\overrightarrow{OB}-\overrightarrow{OA})$

$=\overrightarrow{OA}+t\overrightarrow{AB}$

よって，$t\geqq 0$ より，点Pの存在範囲は**図の点Aを端点とする半直線 AB** である。

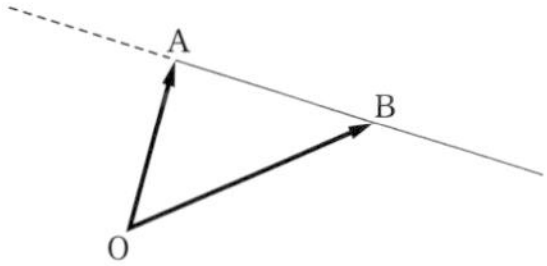

(2) $s+t=1$ より　$s=1-t$

$s\geqq 0$ であるから　$1-t\geqq 0$

ゆえに　$0\leqq t\leqq 1$

(1)より　$\overrightarrow{OP}=\overrightarrow{OA}+t\overrightarrow{AB}$

よって，$0\leqq t\leqq 1$ より，点Pの存在範囲は**図の線分 AB** である。

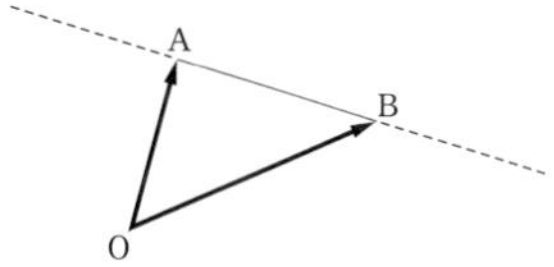

(3) $s+t=3$ より　$\frac{s}{3}+\frac{t}{3}=1$

ここで $\frac{s}{3}=s'$，$\frac{t}{3}=t'$ とおくと　$s'+t'=1$

よって

$\overrightarrow{OP}=s\overrightarrow{OA}+t\overrightarrow{OB}$

$=\frac{s}{3}(3\overrightarrow{OA})+\frac{t}{3}(3\overrightarrow{OB})$

$=s'(3\overrightarrow{OA})+t'(3\overrightarrow{OB})$

$\overrightarrow{OA'}=3\overrightarrow{OA}$，$\overrightarrow{OB'}=3\overrightarrow{OB}$ を満たす 2 点 A′，B′ をとると

$\overrightarrow{OP}=s'\overrightarrow{OA'}+t'\overrightarrow{OB'}$，$s'+t'=1$

したがって，点 P の存在範囲は**図の直線 A′B′**

である。

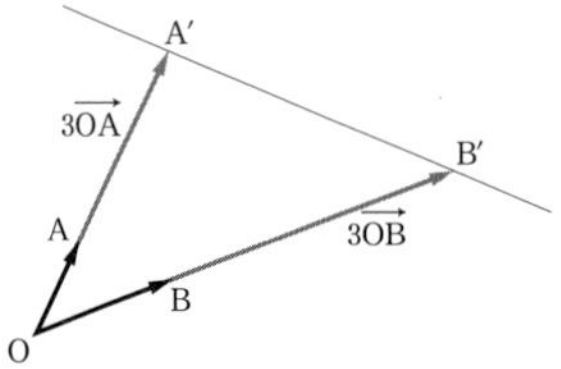

(4) $2s+3t=1$ より　$2s=s'$, $3t=t'$ とおくと
$s'+t'=1$
よって

$\overrightarrow{OP}=s\overrightarrow{OA}+t\overrightarrow{OB}$

$=2s\left(\frac{1}{2}\overrightarrow{OA}\right)+3t\left(\frac{1}{3}\overrightarrow{OB}\right)$

$=s'\left(\frac{1}{2}\overrightarrow{OA}\right)+t'\left(\frac{1}{3}\overrightarrow{OB}\right)$

$\overrightarrow{OA'}=\frac{1}{2}\overrightarrow{OA}$, $\overrightarrow{OB'}=\frac{1}{3}\overrightarrow{OB}$ を満たす2点A′, B′をとると

$\overrightarrow{OP}=s'\overrightarrow{OA'}+t'\overrightarrow{OB'}$, $s'+t'=1$

よって，点Pの存在範囲は**図の直線 A′B′** である。

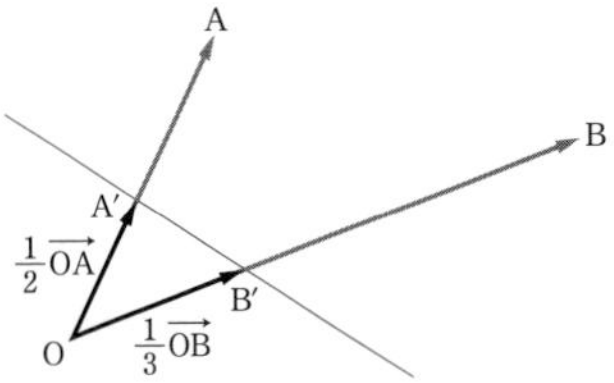

67 (1) PがA, Bと異なる点であるとき

$\overrightarrow{AP}\perp\overrightarrow{BP}$　……①

が成り立つ。また，PがAやBと重なるとき

$\overrightarrow{AP}=\vec{0}$ または $\overrightarrow{BP}=\vec{0}$ ……②

①, ②より，A, Bを直径の両端とする円周上の点Pについて

$\overrightarrow{AP}\cdot\overrightarrow{BP}=0$

が成り立つから

$\boldsymbol{(\vec{p}-\vec{a})\cdot(\vec{p}-\vec{b})=0}$

(2) $\vec{a}=(2,\ 6)$, $\vec{b}=(6,\ 8)$ であり，$\vec{p}=(x,\ y)$ とすると

$\vec{p}-\vec{a}=(x-2,\ y-6)$

$\vec{p}-\vec{b}=(x-6,\ y-8)$

よって，(1)より，求める円の方程式は

$(x-2)(x-6)+(y-6)(y-8)=0$

$x^2-8x+12+y^2-14y+48=0$

$(x-4)^2-16+(y-7)^2-49+60=0$

$\boldsymbol{(x-4)^2+(y-7)^2=5}$

68 $\angle AOP=\theta$ とすると，

$2\vec{a}\cdot\vec{p}=|\vec{a}||\vec{p}|$ より

$2|\vec{a}||\vec{p}|\cos\theta=|\vec{a}||\vec{p}|$

$|\vec{p}|\neq0$ のとき

$|\vec{a}|\neq0$ であるから

$\cos\theta=\frac{1}{2}$

$\theta=60°$, $300°$

よって，$\angle POA=60°$

または　$\angle POA=300°$

となる。

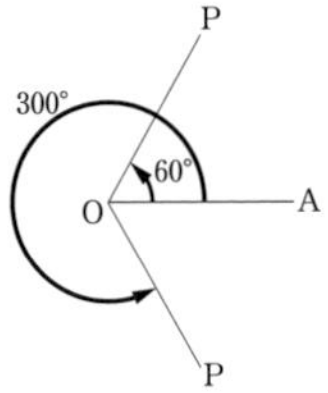

$|\vec{p}|=0$ のとき

与えられた方程式はつねに成り立つ。

このとき，点Pは点Oと一致する。

ゆえに，**上の図のOを端点とする2つの半直線OP** である。

69 (1) $AP\perp CA$ より　$\overrightarrow{AP}\cdot\overrightarrow{CA}=0$

$\overrightarrow{AP}=\overrightarrow{CP}-\overrightarrow{CA}$ であるから

$(\overrightarrow{CP}-\overrightarrow{CA})\cdot\overrightarrow{CA}=0$

$\overrightarrow{CP}\cdot\overrightarrow{CA}-|\overrightarrow{CA}|^2=0$

$\overrightarrow{CP}\cdot\overrightarrow{CA}=|\overrightarrow{CA}|^2$

よって　$(\vec{p}-\vec{c})\cdot(\vec{a}-\vec{c})=|\vec{a}-\vec{c}|^2$

(2) $\vec{c}=(2,\ 1)$, $\vec{a}=(-1,\ 5)$, $\vec{p}=(x,\ y)$ とすると

$\vec{p}-\vec{c}=(x,\ y)-(2,\ 1)$

$=(x-2,\ y-1)$

$\vec{a}-\vec{c}=(-1,\ 5)-(2,\ 1)$

$=(-3,\ 4)$

(1)より

$-3(x-2)+4(y-1)=(-3)^2+4^2$

$-3x+6+4y-4=25$

$-3x+4y=23$

$\boldsymbol{y=\frac{3}{4}x+\frac{23}{4}}$

70 $s+t=k$ とおくと，$s+t\leqq2$, $s\geqq0$, $t\geqq0$ より $s=t=0$ のとき $k=0$ であるから，点Pは点Oと一致する。

$s\neq0$ または $t\neq0$ のとき，$0<k\leqq2$ より

$\frac{s}{k}+\frac{t}{k}=1$, $\frac{s}{k}\geqq0$, $\frac{t}{k}\geqq0$ であるから，$\frac{s}{k}=s'$, $\frac{t}{k}=t'$ とおくと

$\overrightarrow{OP}=s\overrightarrow{OA}+t\overrightarrow{OB}$

$=\frac{s}{k}(k\overrightarrow{OA})+\frac{t}{k}(k\overrightarrow{OB})$

$=s'(k\overrightarrow{OA})+t'(k\overrightarrow{OB})$

$\overrightarrow{OA'}=k\overrightarrow{OA}$, $\overrightarrow{OB'}=k\overrightarrow{OB}$ を満たす 2 点 A′, B′ をとると

$\overrightarrow{OP}=s'\overrightarrow{OA'}+t'\overrightarrow{OB'}$ $(s'+t'=1,\ s'\geqq 0,\ t'\geqq 0)$

よって，点Pは線分 A′B′ 上の点である。

したがって，$\overrightarrow{OA''}=2\overrightarrow{OA}$, $\overrightarrow{OB''}=2\overrightarrow{OB}$ を満たす 2 点 A″, B″ をとると，k の値が 0 から 2 まで変化するとき，A′B′ // AB を保ちながら，点A′ は OA 上を O から A″ まで動き，点B′ は OB 上を O から B″ まで動く。

ゆえに，点Pの存在範囲は，**図の △OA″B″ の周および内部**である。

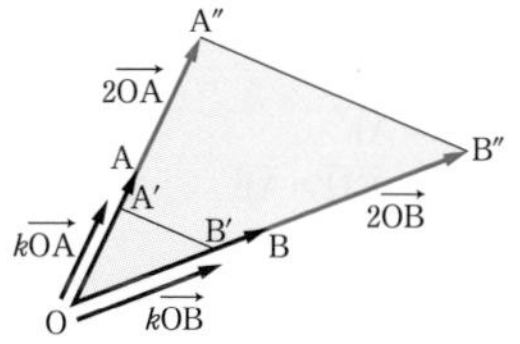

71 (1) **Q(4, 3, −2)**

(2) **R(−4, 3, 2)**

(3) **S(4, −3, 2)**

(4) **T(4, −3, −2)**

(5) **U(−4, 3, −2)**

(6) **V(−4, −3, 2)**

(7) **W(−4, −3, −2)**

72 **A(2, 0, 0)**, **B(2, 3, 0)**, **C(0, 3, 0)**, **Q(0, 3, 4)**, **R(0, 0, 4)**, **S(2, 0, 4)**

73

(1) $PQ=\sqrt{(-2-1)^2+(5-3)^2+\{1-(-1)\}^2}$

$=\sqrt{(-3)^2+2^2+2^2}$

$=\boldsymbol{\sqrt{17}}$

(2) $PQ=\sqrt{(1-3)^2+\{-1-(-2)\}^2+(3-5)^2}$

$=\sqrt{(-2)^2+1^2+(-2)^2}$

$=\sqrt{9}=\mathbf{3}$

(3) $OP=\sqrt{1^2+2^2+(-3)^2}=\boldsymbol{\sqrt{14}}$

(4) $OP=\sqrt{2^2+(-5)^2+4^2}=\sqrt{45}=\boldsymbol{3\sqrt{5}}$

74

(1) $\mathbf{AB}=\sqrt{(3-1)^2+(1-4)^2+(2-3)^2}=\boldsymbol{\sqrt{14}}$

$\mathbf{BC}=\sqrt{(4-3)^2+(4-1)^2+(0-2)^2}=\boldsymbol{\sqrt{14}}$

$\mathbf{CA}=\sqrt{(1-4)^2+(4-4)^2+(3-0)^2}$

$=\sqrt{18}=\boldsymbol{3\sqrt{2}}$

(2) $AB=BC=\sqrt{14}$ であるから

△ABC は AB=BC の二等辺三角形である。

75 (1) $AB=\sqrt{(3-0)^2+(1-1)^2+(5-2)^2}$

$=\sqrt{18}=3\sqrt{2}$

$BC=\sqrt{(6-3)^2+(3-1)^2+(-1-5)^2}$

$=\sqrt{49}=7$

$CA=\sqrt{(0-6)^2+(1-3)^2+\{2-(-1)\}^2}$

$=\sqrt{49}=7$

よって，**BC=CA の二等辺三角形**である。

(2) $AB=\sqrt{(2-0)^2+(0-1)^2+(3-1)^2}=\sqrt{9}=3$

$BC=\sqrt{(1-2)^2+(3-0)^2+(1-3)^2}=\sqrt{14}$

$CA=\sqrt{(0-1)^2+(1-3)^2+(1-1)^2}=\sqrt{5}$

よって，$BC^2=AB^2+CA^2$ より

∠A=90° の直角三角形である。

76

$PA^2=(x-2)^2+\{1-(-2)\}^2+(0-2)^2$

$=x^2-4x+17$

$PB^2=(x-6)^2+(1-4)^2+\{0-(-2)\}^2$

$=x^2-12x+49$

PA=PB より　$PA^2=PB^2$

よって，$x^2-4x+17=x^2-12x+49$ より

$8x=32$

したがって　$\boldsymbol{x=4}$

77 x 軸上の点を P$(x, 0, 0)$ とおくと

$AP^2=(x-2)^2+(0-1)^2+(0-3)^2$

$=x^2-4x+14$

$BP^2=(x-3)^2+(0-2)^2+(0-4)^2$

$=x^2-6x+29$

AP=BP より　$AP^2=BP^2$

よって，$x^2-4x+14=x^2-6x+29$ より

$2x=15$　　$x=\frac{15}{2}$

したがって，求める座標は　$\boldsymbol{\left(\frac{15}{2},\ 0,\ 0\right)}$

78 xy 平面上の点を P$(x, y, 0)$ とおくと

$AP^2=(x-1)^2+(y-3)^2+(0-2)^2$

$=x^2+y^2-2x-6y+14$ ……①

$BP^2=(x-3)^2+\{y-(-1)\}^2+(0-2)^2$

$=x^2+y^2-6x+2y+14$ ……②

$CP^2=\{x-(-1)\}^2+(y-2)^2+(0-1)^2$

$=x^2+y^2+2x-4y+6$ ……③

AP=BP より　$AP^2=BP^2$

①と②から　$x=2y$ ……④

AP=CP より　$AP^2=CP^2$

①と③から　$2x+y=4$ ……⑤

④と⑤より

$x=\frac{8}{5}$，$y=\frac{4}{5}$

よって，求める座標は　$\left(\boldsymbol{\frac{8}{5}},\ \boldsymbol{\frac{4}{5}},\ \boldsymbol{0}\right)$

79　$OA^2=4^2=16$

$OB^2=2^2+k^2+2^2=k^2+8$

$AB^2=(2-0)^2+(k-0)^2+(2-4)^2=k^2+8$

OA=OB より　$OA^2=OB^2$

ゆえに　$16=k^2+8$

$k^2=8$

すなわち　$k=\pm2\sqrt{2}$

このとき，$AB^2=8+8=16$ であるから

$OA=OB=AB=\sqrt{16}=4$

よって，△OAB は1辺が4の正三角形になる。

したがって　$\boldsymbol{k=\pm2\sqrt{2}}$

80　Dの座標を $D(x,\ y,\ z)$ とすると

$AD^2=(x-2)^2+(y-3)^2+(z-0)^2$

$BD^2=(x-4)^2+(y-5)^2+(z-0)^2$

$CD^2=(x-2)^2+(y-5)^2+(z-2)^2$

$AB^2=(4-2)^2+(5-3)^2+(0-0)^2=8$

AD=BD より　$AD^2=BD^2$ であるから

$(x-2)^2+(y-3)^2+z^2=(x-4)^2+(y-5)^2+z^2$

$x+y=7$　　ゆえに　$y=7-x$ ……①

BD=CD より　$BD^2=CD^2$ であるから

$(x-4)^2+(y-5)^2+z^2=(x-2)^2+(y-5)^2+(z-2)^2$

$x-z=2$　　ゆえに　$z=x-2$ ……②

AD=AB より　$AD^2=AB^2$ であるから

$(x-2)^2+(y-3)^2+z^2=8$ ……③

③に①，②を代入すると

$(x-2)^2+(4-x)^2+(x-2)^2=8$

すなわち

$3x^2-16x+16=0$

$(3x-4)(x-4)=0$

よって　$x=\frac{4}{3}$，4

①，②より

$x=\frac{4}{3}$ のとき $y=\frac{17}{3}$，$z=-\frac{2}{3}$

$x=4$ のとき $y=3$，$z=2$

したがって，求める点Dの座標は

$\left(\boldsymbol{\frac{4}{3}},\ \boldsymbol{\frac{17}{3}},\ \boldsymbol{-\frac{2}{3}}\right)$ または $(\boldsymbol{4},\ \boldsymbol{3},\ \boldsymbol{2})$

81　(1)　$\overrightarrow{\mathbf{AD}}$，$\overrightarrow{\mathbf{EH}}$，$\overrightarrow{\mathbf{FG}}$

(2)　$\overrightarrow{\mathbf{CD}}$，$\overrightarrow{\mathbf{BA}}$，$\overrightarrow{\mathbf{FE}}$

(3)　$\overrightarrow{\mathbf{EG}}$

(4)　$\overrightarrow{\mathbf{CF}}$

82　(1)　$\overrightarrow{AC}+\overrightarrow{BF}=\overrightarrow{AC}+\overrightarrow{CG}$

$=\overrightarrow{AG}$

よって　$\overrightarrow{AC}+\overrightarrow{BF}=\overrightarrow{AG}$

(2)　$\overrightarrow{AG}-\overrightarrow{EH}=\overrightarrow{AG}-\overrightarrow{AD}$

$=\overrightarrow{DG}$

$=\overrightarrow{AF}$

よって　$\overrightarrow{AG}-\overrightarrow{EH}=\overrightarrow{AF}$

83　(1)　$\overrightarrow{BD}=\overrightarrow{BA}+\overrightarrow{AD}=\boldsymbol{-\vec{a}+\vec{b}}$

(2)　$\overrightarrow{DG}=\overrightarrow{DC}+\overrightarrow{CG}=\boldsymbol{\vec{a}+\vec{c}}$

(3)　$\overrightarrow{CF}=\overrightarrow{CB}+\overrightarrow{BF}=\boldsymbol{-\vec{b}+\vec{c}}$

(4)　$\overrightarrow{EG}=\overrightarrow{EF}+\overrightarrow{FG}=\boldsymbol{\vec{a}+\vec{b}}$

(5)　$\overrightarrow{BH}=\overrightarrow{BA}+\overrightarrow{AD}+\overrightarrow{DH}=\boldsymbol{-\vec{a}+\vec{b}+\vec{c}}$

(6)　$\overrightarrow{FD}=\overrightarrow{FE}+\overrightarrow{EH}+\overrightarrow{HD}=\boldsymbol{-\vec{a}+\vec{b}-\vec{c}}$

84　(1)　$\overrightarrow{AD}=\overrightarrow{BC}=\boldsymbol{\overrightarrow{OC}-\overrightarrow{OB}}$

(2)　(1)を用いて

$\overrightarrow{OD}=\overrightarrow{OA}+\overrightarrow{AD}$

$=\boldsymbol{\overrightarrow{OA}-\overrightarrow{OB}+\overrightarrow{OC}}$

85　$\boldsymbol{\overrightarrow{OI}}=\overrightarrow{OH}+\overrightarrow{OJ}=\boldsymbol{3\vec{a}+4\vec{b}}$

$\boldsymbol{\overrightarrow{OM}}=\overrightarrow{OI}+\overrightarrow{OK}$

$\boldsymbol{=3\vec{a}+4\vec{b}+2\vec{c}}$

$\boldsymbol{\overrightarrow{HN}}=\overrightarrow{HO}+\overrightarrow{OJ}+\overrightarrow{JN}$

$\boldsymbol{=-3\vec{a}+4\vec{b}+2\vec{c}}$

86　(1)　$\overrightarrow{AB}+\overrightarrow{DC}=2\overrightarrow{AB}$

また

$\overrightarrow{AC}+\overrightarrow{DB}=(\overrightarrow{AB}+\overrightarrow{AD})+(\overrightarrow{DA}+\overrightarrow{AB})$

$=(\overrightarrow{AB}+\overrightarrow{AD})+(-\overrightarrow{AD}+\overrightarrow{AB})$

$=2\overrightarrow{AB}$

よって　$\overrightarrow{AB}+\overrightarrow{DC}=\overrightarrow{AC}+\overrightarrow{DB}$

(2)　$\overrightarrow{AG}-\overrightarrow{BH}$

$=(\overrightarrow{AB}+\overrightarrow{BC}+\overrightarrow{CG})-(\overrightarrow{BA}+\overrightarrow{AD}+\overrightarrow{DH})$

$=(\overrightarrow{AB}+\overrightarrow{AD}+\overrightarrow{AE})-(-\overrightarrow{AB}+\overrightarrow{AD}+\overrightarrow{AE})$
$=2\overrightarrow{AB}$
また
$\overrightarrow{DF}-\overrightarrow{CE}$
$=(\overrightarrow{DA}+\overrightarrow{AB}+\overrightarrow{BF})-(\overrightarrow{CB}+\overrightarrow{BA}+\overrightarrow{AE})$
$=(-\overrightarrow{AD}+\overrightarrow{AB}+\overrightarrow{AE})-(-\overrightarrow{AD}-\overrightarrow{AB}+\overrightarrow{AE})$
$=2\overrightarrow{AB}$
よって　$\overrightarrow{AG}-\overrightarrow{BH}=\overrightarrow{DF}-\overrightarrow{CE}$

87　$(2,\ -3,\ 1)=(x+1,\ -y+2,\ z-3)$ より
$x+1=2,\ -y+2=-3,\ z-3=1$
ゆえに　$\boldsymbol{x=1,\ y=5,\ z=4}$

88　(1)　$|\vec{a}|=\sqrt{2^2+2^2+(-1)^2}=\sqrt{9}=\mathbf{3}$
(2)　$|\vec{b}|=\sqrt{(-3)^2+5^2+4^2}=\sqrt{50}=\mathbf{5\sqrt{2}}$
(3)　$|\vec{c}|=\sqrt{1^2+(\sqrt{2})^2+(\sqrt{3})^2}=\mathbf{\sqrt{6}}$

89　(1)　$4\vec{a}=4(2,\ -3,\ 4)=\mathbf{(8,\ -12,\ 16)}$
(2)　$-\vec{b}=-(-2,\ 3,\ 1)=\mathbf{(2,\ -3,\ -1)}$
(3)　$\vec{a}+2\vec{b}=(2,\ -3,\ 4)+2(-2,\ 3,\ 1)$
$=(2-4,\ -3+6,\ 4+2)$
$=\mathbf{(-2,\ 3,\ 6)}$
(4)　$\vec{a}-3\vec{b}=(2,\ -3,\ 4)-3(-2,\ 3,\ 1)$
$=(2+6,\ -3-9,\ 4-3)$
$=\mathbf{(8,\ -12,\ 1)}$
(5)　$3(\vec{a}-2\vec{b})-(2\vec{a}-5\vec{b})$
$=(3-2)\vec{a}+(-6+5)\vec{b}=\vec{a}-\vec{b}$
$=(2,\ -3,\ 4)-(-2,\ 3,\ 1)$
$=(2+2,\ -3-3,\ 4-1)$
$=\mathbf{(4,\ -6,\ 3)}$

90　$\vec{a}\parallel\vec{b}\iff\vec{b}=k\vec{a}$（$k$ は実数）より
$(x,\ y,\ 5)=k(4,\ -3,\ 2)$
となる実数 k があることから
$x=4k,\ y=-3k,\ 5=2k$
よって，$k=\dfrac{5}{2}$ より
$\boldsymbol{x}=4\times\dfrac{5}{2}=\mathbf{10},$
$\boldsymbol{y}=-3\times\dfrac{5}{2}=\mathbf{-\dfrac{15}{2}}$

91　(1)　$\overrightarrow{AB}=(2-5,\ 1-(-1),\ 2-(-6))$
$=\mathbf{(-3,\ 2,\ 8)}$
$|\overrightarrow{AB}|=\sqrt{(-3)^2+2^2+8^2}=\mathbf{\sqrt{77}}$
(2)　$\overrightarrow{AB}=(1-3,\ 1-2,\ 1-1)$
$=\mathbf{(-2,\ -1,\ 0)}$
$|\overrightarrow{AB}|=\sqrt{(-2)^2+(-1)^2+0^2}=\mathbf{\sqrt{5}}$
(3)　$\overrightarrow{AB}=(-2-0,\ -1-3,\ -4-(-1))$
$=\mathbf{(-2,\ -4,\ -3)}$
$|\overrightarrow{AB}|=\sqrt{(-2)^2+(-4)^2+(-3)^2}=\mathbf{\sqrt{29}}$

92　Dの座標を $(x,\ y,\ z)$ とおくと
$\overrightarrow{AB}=\overrightarrow{DC}$ であればよいから
$\overrightarrow{AB}=(2-1,\ 1-(-1),\ -1-1)=(1,\ 2,\ -2)$
$\overrightarrow{DC}=(4-x,\ -1-y,\ 5-z)$
よって，$4-x=1,\ -1-y=2,\ 5-z=-2$ より
$x=3,\ y=-3,\ z=7$
ゆえに，Dの座標は $\mathbf{(3,\ -3,\ 7)}$

93　$\vec{a}-3\vec{b}=(x,\ y,\ -3)-3(1,\ 2,\ z)$
$=(x-3,\ y-6,\ -3-3z)$
$\vec{a}-3\vec{b}=\vec{0}$　であるから
$x-3=0,\ y-6=0,\ -3-3z=0$ より
$\boldsymbol{x=3,\ y=6,\ z=-1}$

94　$\vec{a}\parallel\vec{b}\iff\vec{b}=k\vec{a}$（$k$ は実数）より
$(t-1,\ t-3,\ 4)=k(s,\ s-1,\ 3s-1)$
となる実数 k があることから
$ks=t-1$　……①
$k(s-1)=t-3$　……②
$k(3s-1)=4$　……③
①－② より　$k=2$
これを③に代入して　$s=1$
①に $k=2,\ s=1$ を代入して　$t=3$
よって
$\boldsymbol{s=1,\ t=3}$

95　$\vec{a}+\vec{b}=(x+2,\ -6,\ 4)$ より
$|\vec{a}+\vec{b}|^2=(x+2)^2+(-6)^2+4^2=x^2+4x+56$
$2\vec{a}-\vec{b}=(4-x,\ 0,\ -1)$ より
$|2\vec{a}-\vec{b}|^2=(4-x)^2+0^2+(-1)^2$
$=x^2-8x+17$
$|\vec{a}+\vec{b}|=|2\vec{a}-\vec{b}|$ より $|\vec{a}+\vec{b}|^2=|2\vec{a}-\vec{b}|^2$
ゆえに
$x^2+4x+56=x^2-8x+17$
よって　$\boldsymbol{x}=\mathbf{-\dfrac{13}{4}}$

96　求める単位ベクトルを $\vec{e}$ とすると
$\vec{e}=\dfrac{\vec{a}}{|\vec{a}|}$

$=\dfrac{(2,\ -2,\ 1)}{\sqrt{2^2+(-2)^2+1^2}}=\left(\dfrac{2}{3},\ -\dfrac{2}{3},\ \dfrac{1}{3}\right)$

97 $\vec{a}=(x,\ x-4,\ 4)$ について

$|\vec{a}|=\sqrt{x^2+(x-4)^2+4^2}$
$=\sqrt{2x^2-8x+32}$
$=\sqrt{2(x-2)^2+24}$

よって

$x=2$ のとき $|\vec{a}|$ は最小値 $\sqrt{24}=2\sqrt{6}$ をとる。

98 $\vec{a}+t\vec{b}=(3,\ -4,\ 1)+t(-1,\ 2,\ 2)$
$=(3-t,\ -4+2t,\ 1+2t)$

$|\vec{a}+t\vec{b}|^2=(3-t)^2+(-4+2t)^2+(1+2t)^2$
$=9t^2-18t+26$
$=9(t-1)^2+17$

$|\vec{a}+t\vec{b}|^2$ が最小のとき $|\vec{a}+t\vec{b}|$ も最小になる。
よって，$|\vec{a}+t\vec{b}|$ は **$t=1$ のとき，最小値 $\sqrt{17}$** をとる。

99 $l\vec{a}+m\vec{b}+n\vec{c}$
$=l(3,\ -2,\ 1)+m(-1,\ 2,\ 0)+n(1,\ 1,\ 2)$
$=(3l-m+n,\ -2l+2m+n,\ l+2n)$

$\vec{p}=l\vec{a}+m\vec{b}+n\vec{c}$ より

$3l-m+n=8$ ……①
$-2l+2m+n=-3$ ……②
$l+2n=7$ ……③

①×2+② より
$4l+3n=13$ ……④
③×4−④ より
$5n=15$ ゆえに $n=3$ ……⑤
⑤を③に代入すると
$l+6=7$ ゆえに $l=1$ ……⑥
⑤，⑥を①に代入すると
$m=-2$
よって **$\vec{p}=\vec{a}-2\vec{b}+3\vec{c}$**

100 (1) $\overrightarrow{AB}\cdot\overrightarrow{AC}=|\overrightarrow{AB}||\overrightarrow{AC}|\cos 45°$
$=2\times2\sqrt{2}\times\dfrac{1}{\sqrt{2}}=\mathbf{4}$

(2) $\overrightarrow{AB}\cdot\overrightarrow{CG}=\overrightarrow{AB}\cdot\overrightarrow{AE}$
$=|\overrightarrow{AB}||\overrightarrow{AE}|\cos 90°=\mathbf{0}$

(3) △ACF は，
AC＝CF＝FA
より正三角形である。
よって
$\overrightarrow{AC}\cdot\overrightarrow{CF}=|\overrightarrow{AC}||\overrightarrow{CF}|\cos 120°$
$=2\sqrt{2}\times2\sqrt{2}\times\left(-\dfrac{1}{2}\right)=\mathbf{-4}$

101 (1) $\vec{a}\cdot\vec{b}=1\times5+2\times4+(-3)\times3=\mathbf{4}$
(2) $\vec{a}\cdot\vec{b}=3\times4+(-2)\times(-5)+1\times(-7)=\mathbf{15}$

102 (1) $\vec{a}\cdot\vec{b}=4\times2+(-1)\times1+(-1)\times(-2)$
$=9$

$|\vec{a}|=\sqrt{4^2+(-1)^2+(-1)^2}=\sqrt{18}=3\sqrt{2}$
$|\vec{b}|=\sqrt{2^2+1^2+(-2)^2}=\sqrt{9}=3$

よって
$\cos\theta=\dfrac{\vec{a}\cdot\vec{b}}{|\vec{a}||\vec{b}|}=\dfrac{9}{3\sqrt{2}\times3}=\dfrac{1}{\sqrt{2}}$

したがって，$0°\leqq\theta\leqq180°$ より **$\theta=45°$**

(2) $\vec{a}\cdot\vec{b}=1\times(-1)+(-2)\times1+2\times0=-3$
$|\vec{a}|=\sqrt{1^2+(-2)^2+2^2}=\sqrt{9}=3$
$|\vec{b}|=\sqrt{(-1)^2+1^2+0^2}=\sqrt{2}$

よって
$\cos\theta=\dfrac{\vec{a}\cdot\vec{b}}{|\vec{a}||\vec{b}|}=\dfrac{-3}{3\times\sqrt{2}}=-\dfrac{1}{\sqrt{2}}$

したがって，$0°\leqq\theta\leqq180°$ より **$\theta=135°$**

(3) $\vec{a}\cdot\vec{b}=1\times7+(-3)\times4+5\times1=0$
$|\vec{a}|=\sqrt{1^2+(-3)^2+5^2}=\sqrt{35}$
$|\vec{b}|=\sqrt{7^2+4^2+1^2}=\sqrt{66}$

よって
$\cos\theta=\dfrac{\vec{a}\cdot\vec{b}}{|\vec{a}||\vec{b}|}=\dfrac{0}{\sqrt{35}\times\sqrt{66}}=0$

したがって，$0°\leqq\theta\leqq180°$ より **$\theta=90°$**

103 $\vec{a}\cdot\vec{b}=0$ より
$1\times x+2\times1+(-1)\times3=0$
よって **$x=1$**

104 (1) $\overrightarrow{AB}=(1,\ 1,\ 2)$，$\overrightarrow{AC}=(-1,\ 2,\ 1)$
であるから
$\overrightarrow{AB}\cdot\overrightarrow{AC}=1\times(-1)+1\times2+2\times1=\mathbf{3}$

(2) $|\overrightarrow{AB}|=\sqrt{1^2+1^2+2^2}=\sqrt{6}$
$|\overrightarrow{AC}|=\sqrt{(-1)^2+2^2+1^2}=\sqrt{6}$

ゆえに，$\angle BAC=\theta$ とおくと
$\cos\theta=\dfrac{\overrightarrow{AB}\cdot\overrightarrow{AC}}{|\overrightarrow{AB}||\overrightarrow{AC}|}=\dfrac{3}{\sqrt{6}\times\sqrt{6}}=\dfrac{1}{2}$

よって，$0°\leqq\theta\leqq180°$ より $\theta=60°$
すなわち **$\angle BAC=60°$**

(3) $\triangle ABC=\dfrac{1}{2}|\overrightarrow{AB}||\overrightarrow{AC}|\sin 60°$

$=\frac{1}{2}\times\sqrt{6}\times\sqrt{6}\times\frac{\sqrt{3}}{2}$

$=\boldsymbol{\frac{3\sqrt{3}}{2}}$

105 (1) $\overrightarrow{AD}\cdot\overrightarrow{AM}=\overrightarrow{AD}\cdot\left(\frac{\overrightarrow{AB}+\overrightarrow{AC}}{2}\right)$

$=\frac{1}{2}(\overrightarrow{AD}\cdot\overrightarrow{AB}+\overrightarrow{AD}\cdot\overrightarrow{AC})$

$=\frac{1}{2}(a^2\cos 60°+a^2\cos 60°)$

$=\frac{1}{2}\left(\frac{1}{2}a^2+\frac{1}{2}a^2\right)$

$=\boldsymbol{\frac{a^2}{2}}$

(2) $\cos\theta=\frac{\overrightarrow{AD}\cdot\overrightarrow{AM}}{|\overrightarrow{AD}||\overrightarrow{AM}|}$

$=\frac{a^2}{2}\div\left(a\times\frac{\sqrt{3}}{2}a\right)$

$=\frac{1}{\sqrt{3}}=\boldsymbol{\frac{\sqrt{3}}{3}}$

106 $\vec{a}\perp\vec{b}$ より $\vec{a}\cdot\vec{b}=0$ であるから

$3x-6y=0$ すなわち $x=2y$ ……①

$|\vec{a}|=3$ より $\sqrt{x^2+y^2+2^2}=3$

すなわち $x^2+y^2=5$ ……②

①，②より $5y^2=5$

ゆえに $y=\pm1$

$y=\pm1$ を①に代入して

$\boldsymbol{x=2,\ y=1}$ または $\boldsymbol{x=-2,\ y=-1}$

107 求めるベクトルを $\vec{p}=(x,\ y,\ z)$ とすると

$\vec{a}\perp\vec{p}$ より $\vec{a}\cdot\vec{p}=0$ であるから

$2x-2y+z=0$ ……①

$\vec{b}\perp\vec{p}$ より $\vec{b}\cdot\vec{p}=0$ であるから

$2x+3y-4z=0$ ……②

また，$|\vec{p}|=3$ より $\sqrt{x^2+y^2+z^2}=3$

よって $x^2+y^2+z^2=9$ ……③

②−① より $y=z$

これを①に代入して

$2x-2z+z=0$ より $z=2x$

よって $y=z=2x$ ……④

④を③に代入して $9x^2=9$ より $x=\pm1$

④より $x=1$ のとき $y=z=2$

$x=-1$ のとき $y=z=-2$

したがって，求めるベクトルは

$\boldsymbol{(1,\ 2,\ 2),\ (-1,\ -2,\ -2)}$

108 $\vec{a}\perp\vec{b}$ より $\vec{a}\cdot\vec{b}=0$ であるから

$-x+y+8=0$ ……①

$\vec{b}\perp\vec{c}$ より $\vec{b}\cdot\vec{c}=0$ であるから

$-1-y-4z=0$ ……②

$\vec{c}\perp\vec{a}$ より $\vec{c}\cdot\vec{a}=0$ であるから

$x-1-2z=0$ ……③

①+②+③ より $6-6z=0$

すなわち $z=1$

これを②，③に代入して $x=3,\ y=-5$

ゆえに $\boldsymbol{x=3,\ y=-5,\ z=1}$

109 $(\vec{a}+2\vec{b})\perp(3\vec{a}-\vec{b})$ より

$(\vec{a}+2\vec{b})\cdot(3\vec{a}-\vec{b})=0$

$3|\vec{a}|^2+5\vec{a}\cdot\vec{b}-2|\vec{b}|^2=0$

$3\times1^2+5\times1\times2\times\cos\theta-2\times2^2=0$

ゆえに $10\cos\theta-5=0$ より $\cos\theta=\frac{1}{2}$

$0°\leqq\theta\leqq180°$ であるから $\boldsymbol{\theta=60°}$

110 (1) $\overrightarrow{MP}=\overrightarrow{OP}-\overrightarrow{OM}$

$=\frac{\overrightarrow{OA}+2\overrightarrow{OB}}{2+1}-\frac{\overrightarrow{OB}+\overrightarrow{OC}}{2}$

$=\frac{\vec{a}+2\vec{b}}{3}-\frac{\vec{b}+\vec{c}}{2}$

$=\boldsymbol{\frac{1}{3}\vec{a}+\frac{1}{6}\vec{b}-\frac{1}{2}\vec{c}}$

(2) $\overrightarrow{MQ}=\overrightarrow{OQ}-\overrightarrow{OM}$

$=\frac{3\overrightarrow{OC}}{4}-\frac{\overrightarrow{OB}+\overrightarrow{OC}}{2}$

$=\frac{3\vec{c}}{4}-\frac{\vec{b}+\vec{c}}{2}$

$=\boldsymbol{-\frac{1}{2}\vec{b}+\frac{1}{4}\vec{c}}$

(3) $\overrightarrow{PQ}=\overrightarrow{OQ}-\overrightarrow{OP}$

$=\frac{3\vec{c}}{4}-\frac{\vec{a}+2\vec{b}}{3}$

$=\boldsymbol{-\frac{1}{3}\vec{a}-\frac{2}{3}\vec{b}+\frac{3}{4}\vec{c}}$

111 $\overrightarrow{OG}=\frac{\overrightarrow{OA}+\overrightarrow{OB}+\overrightarrow{OC}}{3}$

$=\frac{1}{3}(1-5+1,\ -3+9+3,\ 7+1-2)$

$=\boldsymbol{(-1,\ 3,\ 2)}$

112

(1) $P\left(\dfrac{3\times1+4\times8}{4+3},\ \dfrac{3\times2+4\times(-5)}{4+3},\ \dfrac{3\times(-2)+4\times5}{4+3}\right)$

よって　**P(5, −2, 2)**

(2) $Q\left(\dfrac{4\times1+3\times8}{3+4},\ \dfrac{4\times2+3\times(-5)}{3+4},\ \dfrac{4\times(-2)+3\times5}{3+4}\right)$

よって　**Q(4, −1, 1)**

(3) $R\left(\dfrac{-3\times1+4\times8}{4-3},\ \dfrac{-3\times2+4\times(-5)}{4-3},\ \dfrac{-3\times(-2)+4\times5}{4-3}\right)$

よって　**R(29, −26, 26)**

113

$\overrightarrow{AC}=k\overrightarrow{AB}$ となる実数 k がある。
ここで
$\overrightarrow{AC}=(x-2,\ y-3,\ 1)$, $\overrightarrow{AB}=(1,\ -5,\ -3)$
であるから
$(x-2,\ y-3,\ 1)=k(1,\ -5,\ -3)$
$x-2=k,\ y-3=-5k,\ 1=-3k$
より　$k=-\dfrac{1}{3}$, $\boldsymbol{x=\dfrac{5}{3}}$, $\boldsymbol{y=\dfrac{14}{3}}$

114

(1) $\overrightarrow{OP}=\dfrac{\overrightarrow{OM}+\overrightarrow{ON}}{2}$
$=\dfrac{1}{2}\left(\dfrac{\overrightarrow{OA}}{2}+\dfrac{\overrightarrow{OB}+\overrightarrow{OC}}{2}\right)$
$=\boldsymbol{\dfrac{\vec{a}+\vec{b}+\vec{c}}{4}}$

(2) $\overrightarrow{OG}=\dfrac{\overrightarrow{OA}+\overrightarrow{OB}+\overrightarrow{OC}}{3}$　より

$\overrightarrow{OQ}=\dfrac{3}{4}\overrightarrow{OG}$
$=\dfrac{3}{4}\times\dfrac{\overrightarrow{OA}+\overrightarrow{OB}+\overrightarrow{OC}}{3}$
$=\boldsymbol{\dfrac{\vec{a}+\vec{b}+\vec{c}}{4}}$

115

$\overrightarrow{AB}=\vec{b}$, $\overrightarrow{AD}=\vec{d}$, $\overrightarrow{AE}=\vec{e}$ とすると
$\overrightarrow{AC}=\vec{b}+\vec{d}$
$\overrightarrow{AP}=\dfrac{1}{3}(\vec{b}+\vec{d}+\vec{e})$
$\overrightarrow{AM}=\dfrac{1}{2}\vec{e}$　より
$\overrightarrow{MP}=\overrightarrow{AP}-\overrightarrow{AM}=\dfrac{1}{3}(\vec{b}+\vec{d}+\vec{e})-\dfrac{1}{2}\vec{e}$
$=\dfrac{1}{6}(2\vec{b}+2\vec{d}-\vec{e})$
$\overrightarrow{MC}=\overrightarrow{AC}-\overrightarrow{AM}=\vec{b}+\vec{d}-\dfrac{1}{2}\vec{e}$
$=\dfrac{1}{2}(2\vec{b}+2\vec{d}-\vec{e})$
よって　$\overrightarrow{MC}=3\overrightarrow{MP}$
したがって，3点M，P，Cは一直線上にある。
また，MP：MC＝1：3 より
MP：PC＝MP：(MC−MP)
＝1：2
である。

116

点Pは yz 平面上にあるから，
$P(0,\ y,\ z)$ とおける。3点A，B，Pは一直線上にあるから，$\overrightarrow{AP}=k\overrightarrow{AB}$ となる実数 k がある。
ここで
$\overrightarrow{AP}=(-1,\ y+2,\ z+1)$, $\overrightarrow{AB}=(1,\ 3,\ -2)$
であるから
$(-1,\ y+2,\ z+1)=k(1,\ 3,\ -2)$
$-1=k,\ y+2=3k,\ z+1=-2k$
より　$k=-1,\ y=-5,\ z=1$
よって　**P(0, −5, 1)**

117

$\overrightarrow{AP}=m\overrightarrow{AB}+n\overrightarrow{AC}$ より
$(x,\ 3,\ -5)=m(-2,\ 1,\ -3)+n(3,\ 0,\ 2)$
よって
$x=-2m+3n,\ 3=m,\ -5=-3m+2n$
したがって　$\boldsymbol{m=3,\ n=2,\ x=0}$

118

$\overrightarrow{AB}=(-1,\ 3,\ -4)$, $\overrightarrow{AC}=(-5,\ 1,\ -1)$
より，$\overrightarrow{AC}=k\overrightarrow{AB}$ となる実数 k は存在しないから，3点A，B，Cは一直線上にない。
よって，点Pが3点A，B，Cと同じ平面上にあるとき，$\overrightarrow{AP}=s\overrightarrow{AB}+t\overrightarrow{AC}$ となる実数 s，t があるから　$\overrightarrow{AP}=(x-2,\ -3,\ 5)$ より
$(x-2,\ -3,\ 5)=s(-1,\ 3,\ -4)+t(-5,\ 1,\ -1)$
$=(-s-5t,\ 3s+t,\ -4s-t)$
すなわち
$$\begin{cases} x-2=-s-5t & \cdots\cdots① \\ -3=3s+t & \cdots\cdots② \\ 5=-4s-t & \cdots\cdots③ \end{cases}$$
②，③より　$s=-2,\ t=3$
これらの値を①に代入して　$x=-11$
したがって　$\boldsymbol{x=-11}$

119 $\overrightarrow{OH}=\overrightarrow{OA}+\overrightarrow{AD}+\overrightarrow{DH}=\overrightarrow{OA}+\overrightarrow{OB}+3\overrightarrow{OC}$
点Lは直線OH上にあるから，
$\overrightarrow{OL}=k\overrightarrow{OH}$ となる実数kがある。
よって　$\overrightarrow{OL}=k(\overrightarrow{OA}+\overrightarrow{OB}+3\overrightarrow{OC})$
$=k\overrightarrow{OA}+k\overrightarrow{OB}+3k\overrightarrow{OC}$ ……①
ここで，Lは平面ABC上にあるから
$k+k+3k=1$
これを解いて　$k=\dfrac{1}{5}$
したがって，①より
$\boldsymbol{\overrightarrow{OL}=\dfrac{1}{5}\overrightarrow{OA}+\dfrac{1}{5}\overrightarrow{OB}+\dfrac{3}{5}\overrightarrow{OC}}$

120 $\overrightarrow{OA}=\vec{a}$，$\overrightarrow{OB}=\vec{b}$，$\overrightarrow{OC}=\vec{c}$，
$|\vec{a}|=|\vec{b}|=|\vec{c}|=d$　とすると
$\vec{a}\cdot\vec{b}=\vec{b}\cdot\vec{c}=\vec{c}\cdot\vec{a}=d^2\cos 60°=\dfrac{d^2}{2}$
また，点Gは△ABCの重心であるから，
$\overrightarrow{OG}=\dfrac{\overrightarrow{OA}+\overrightarrow{OB}+\overrightarrow{OC}}{3}=\dfrac{\vec{a}+\vec{b}+\vec{c}}{3}$ より
$\overrightarrow{OG}\cdot\overrightarrow{AB}=\dfrac{\vec{a}+\vec{b}+\vec{c}}{3}\cdot(\vec{b}-\vec{a})$
$=\dfrac{1}{3}(-\vec{a}\cdot\vec{a}+\vec{b}\cdot\vec{b}+\vec{b}\cdot\vec{c}-\vec{c}\cdot\vec{a})$
$=\dfrac{1}{3}\left(-d^2+d^2+\dfrac{d^2}{2}-\dfrac{d^2}{2}\right)$
$=0$
すなわち　$\overrightarrow{OG}\cdot\overrightarrow{AB}=0$
ここで，$\overrightarrow{OG}\neq\vec{0}$，$\overrightarrow{AB}\neq\vec{0}$ であるから
OG⊥AB
また
$\overrightarrow{OG}\cdot\overrightarrow{AC}=\dfrac{\vec{a}+\vec{b}+\vec{c}}{3}\cdot(\vec{c}-\vec{a})$
$=\dfrac{1}{3}(-\vec{a}\cdot\vec{a}+\vec{b}\cdot\vec{c}-\vec{b}\cdot\vec{a}+\vec{c}\cdot\vec{c})$
$=\dfrac{1}{3}\left(-d^2+\dfrac{d^2}{2}-\dfrac{d^2}{2}+d^2\right)$
$=0$
すなわち　$\overrightarrow{OG}\cdot\overrightarrow{AC}=0$
ここで，$\overrightarrow{OG}\neq\vec{0}$，$\overrightarrow{AC}\neq\vec{0}$ であるから
OG⊥AC

121 $\overrightarrow{OA}=\vec{a}$，$\overrightarrow{OB}=\vec{b}$，$\overrightarrow{OC}=\vec{c}$ とする。
(1) $|\vec{a}|=|\vec{b}|=|\vec{c}|=2$
$\vec{a}\cdot\vec{b}=\vec{b}\cdot\vec{c}=\vec{c}\cdot\vec{a}=2\cdot 2\cos 60°=2$
よって
$\overrightarrow{OM}\cdot\overrightarrow{ON}=\left(\dfrac{\vec{a}+\vec{b}}{2}\right)\cdot\left(\dfrac{\vec{b}+\vec{c}}{2}\right)$
$=\dfrac{1}{4}(\vec{a}\cdot\vec{b}+\vec{a}\cdot\vec{c}+\vec{b}\cdot\vec{b}+\vec{b}\cdot\vec{c})$
$=\dfrac{1}{4}(2+2+2^2+2)$
$=\boldsymbol{\dfrac{5}{2}}$
(2) $|\overrightarrow{OM}|=|\overrightarrow{ON}|=\sqrt{3}$ より
$\cos\theta=\dfrac{\overrightarrow{OM}\cdot\overrightarrow{ON}}{|\overrightarrow{OM}||\overrightarrow{ON}|}=\dfrac{\frac{5}{2}}{\sqrt{3}\times\sqrt{3}}=\boldsymbol{\dfrac{5}{6}}$

122 点H$(x,\ y,\ z)$とする。
点Hは直線AB上の点であるから，$\overrightarrow{AH}=k\overrightarrow{AB}$ となる実数kがある。
$\overrightarrow{AB}=(-3,\ 3,\ -9)$，$\overrightarrow{AH}=(x-2,\ y-3,\ z-4)$
であるから
$(x-2,\ y-3,\ z-4)=k(-3,\ 3,\ -9)$
ゆえに
$x-2=-3k$，$y-3=3k$，$z-4=-9k$ より
$x=-3k+2$，$y=3k+3$，$z=-9k+4$ ……①
また，OH⊥AB より　$\overrightarrow{OH}\cdot\overrightarrow{AB}=0$
$\overrightarrow{OH}=(x,\ y,\ z)$
であるから
$-3x+3y-9z=0$
$x-y+3z=0$ ……②
①を②に代入すると
$(-3k+2)-(3k+3)+3(-9k+4)=0$
$33k=11$
よって　$k=\dfrac{1}{3}$
これを①に代入して $x=1$，$y=4$，$z=1$
したがって　**H(1, 4, 1)**

123 (1) $\boldsymbol{z=-4}$　(2) $\boldsymbol{x=2}$　(3) $\boldsymbol{y=1}$

124 (1) $(x-2)^2+(y-3)^2+\{z-(-1)\}^2=4^2$
すなわち　$\boldsymbol{(x-2)^2+(y-3)^2+(z+1)^2=16}$
(2) $x^2+y^2+z^2=5^2$
すなわち　$\boldsymbol{x^2+y^2+z^2=25}$
(3) 半径は $\sqrt{1^2+(-2)^2+2^2}=3$
よって　$x^2+y^2+z^2=3^2$
すなわち　$\boldsymbol{x^2+y^2+z^2=9}$
(4) xy平面 $z=0$ に接しているから，
半径は $|-2|=2$
よって　$(x-1)^2+(y-4)^2+\{z-(-2)\}^2=2^2$
すなわち　$\boldsymbol{(x-1)^2+(y-4)^2+(z+2)^2=4}$

125 線分 AB の中点を C とすると，点 C が求める球面の中心であり，線分 CA の長さが半径である。点 C の座標は

$\left(\frac{5+1}{2}, \frac{3+(-1)}{2}, \frac{2+(-4)}{2}\right)$ より　C(3, 1, −1)

このとき

$CA=\sqrt{(5-3)^2+(3-1)^2+\{2-(-1)\}^2}=\sqrt{17}$

したがって，求める球面の方程式は

$(x-3)^2+(y-1)^2+\{z-(-1)\}^2=(\sqrt{17})^2$

すなわち

$\boldsymbol{(x-3)^2+(y-1)^2+(z+1)^2=17}$

126 (1) $\boldsymbol{x=3}$　(2) $\boldsymbol{y=-2}$　(3) $\boldsymbol{z=1}$

127 $x^2+y^2+z^2-6x+4y-2z+4=0$

を変形すると

$(x-3)^2+(y+2)^2+(z-1)^2=10$

よって

この球面の中心の座標は　**(3, −2, 1)**

半径は　$\boldsymbol{\sqrt{10}}$

128 (1) zx平面は方程式 $y=0$ で表されるから，球面の方程式に $y=0$ を代入すると

$(x+2)^2+(0-4)^2+(z-1)^2=25$

より　$(x+2)^2+(z-1)^2=9$

よって，求める円の中心の座標は **(−2, 0, 1)**，半径は **3**

(2) 球面の方程式に $x=1$ を代入すると

$(1+2)^2+(y-4)^2+(z-1)^2=25$

より　$(y-4)^2+(z-1)^2=16$

よって，求める円の中心の座標は **(1, 4, 1)**，半径は **4**

129

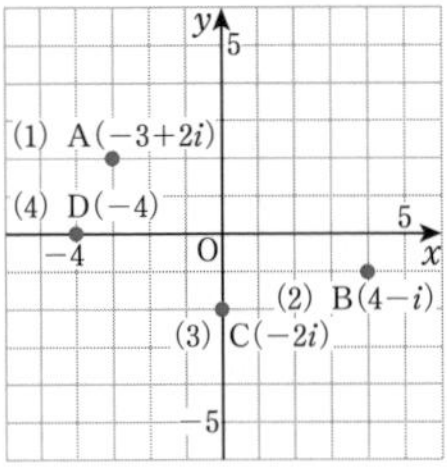

130

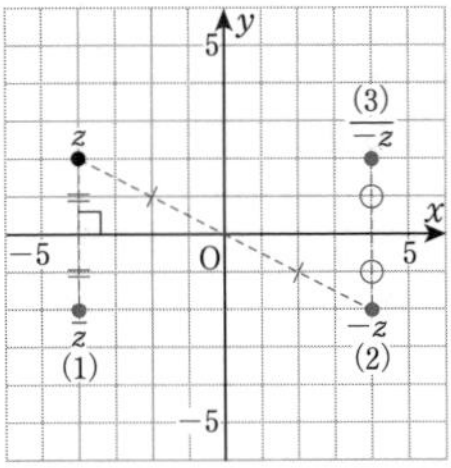

131 (1) $|-2+5i|=\sqrt{(-2)^2+5^2}=\boldsymbol{\sqrt{29}}$

(2) $|7-i|=\sqrt{7^2+(-1)^2}=\sqrt{50}=\boldsymbol{5\sqrt{2}}$

(3) $|6i|=\sqrt{0^2+6^2}=\boldsymbol{6}$

(4) $|-5|=\sqrt{(-5)^2+0^2}=\boldsymbol{5}$

132 (1)

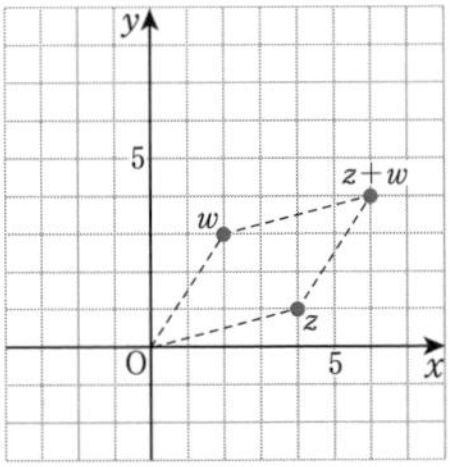

(2)

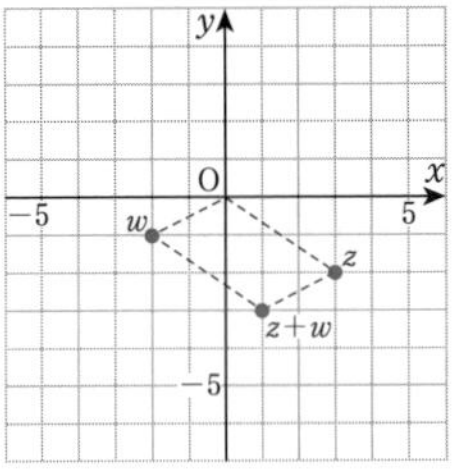

133 (1)

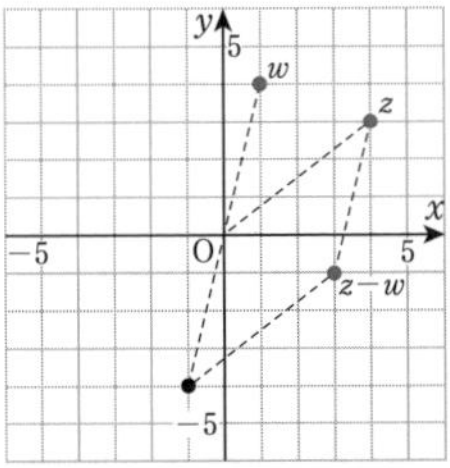

$|z-w|=|(4+3i)-(1+4i)|$

$=|3-i|$

$=\sqrt{3^2+(-1)^2}$

$=\boldsymbol{\sqrt{10}}$

(2)

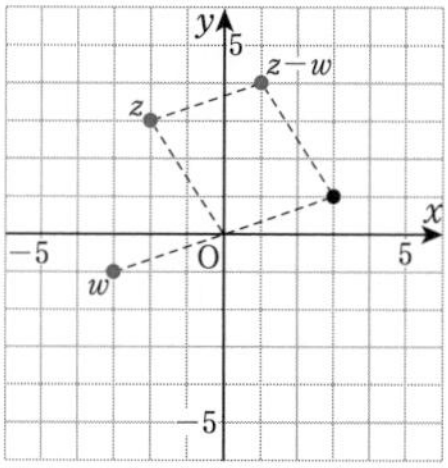

$|z-w|=|(-2+3i)-(-3-i)|$
$=|1+4i|$
$=\sqrt{1^2+4^2}$
$=\sqrt{\mathbf{17}}$

134

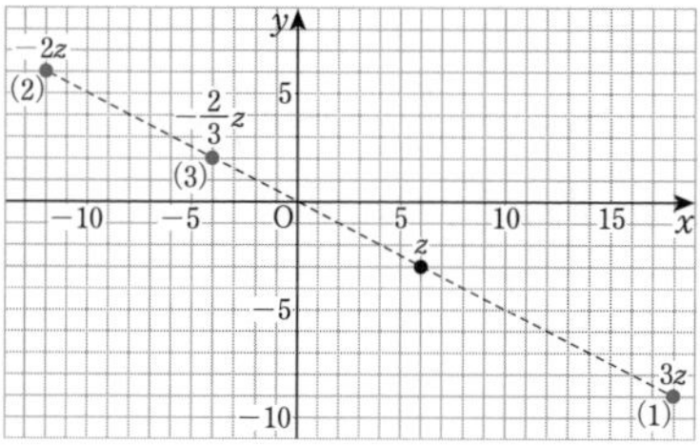

135

(1) $|\sqrt{3}\,i|=\sqrt{0^2+(\sqrt{3}\,)^2}=\sqrt{\mathbf{3}}$

(2) $(1+i)^2=2i$ より
$|(1+i)^2|=|2i|$
$=\sqrt{0^2+2^2}=\mathbf{2}$

(3) $(2-i)(3+2i)=8+i$ より
$|(2-i)(3+2i)|=|8+i|$
$=\sqrt{8^2+1^2}=\sqrt{\mathbf{65}}$

(4) $\dfrac{2+4i}{1-i}=\dfrac{(2+4i)(1+i)}{(1-i)(1+i)}=\dfrac{-2+6i}{2}=-1+3i$

より $\left|\dfrac{2+4i}{1-i}\right|=|-1+3i|$
$=\sqrt{(-1)^2+3^2}=\sqrt{\mathbf{10}}$

136

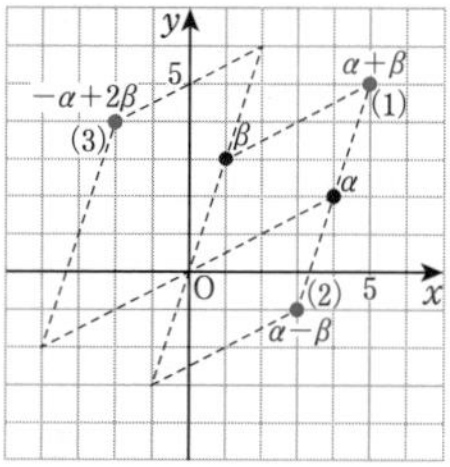

137

$(z+5-i)(\bar{z}+5+i)=5$

より $\{z+(5-i)\}\{\bar{z}+(5+i)\}=5$

$\{z+(5-i)\}\{\bar{z}+\overline{(5-i)}\}=5$

$\{z+(5-i)\}\{\overline{z+(5-i)}\}=5$

$|z+(5-i)|^2=5$

$|z+5-i|^2=5$

$|z+5-i|\geqq 0$ であるから $|z+5-i|=\sqrt{5}$

138

(1) $z=\alpha^3-(\bar{\alpha})^3$ とおくと，α^3 は実数でないから $z\neq 0$ であり

$\bar{z}=\overline{\alpha^3-(\bar{\alpha})^3}=\overline{\alpha^3}-\overline{(\bar{\alpha})^3}=\overline{\alpha\alpha\alpha}-\overline{\bar{\alpha}\bar{\alpha}\bar{\alpha}}$
$=\bar{\alpha}\bar{\alpha}\bar{\alpha}-\bar{\bar{\alpha}}\bar{\bar{\alpha}}\bar{\bar{\alpha}}=(\bar{\alpha})^3-\alpha^3=-z$

よって，z すなわち $\alpha^3-(\bar{\alpha})^3$ は純虚数である。

(2) $\alpha\bar{\alpha}=1$ より $\bar{\alpha}=\dfrac{1}{\alpha}$，$\alpha=\dfrac{1}{\bar{\alpha}}$ であるから

$\bar{z}=\overline{\alpha+\dfrac{1}{\alpha}}=\bar{\alpha}+\overline{\left(\dfrac{1}{\alpha}\right)}=\bar{\alpha}+\dfrac{1}{\bar{\alpha}}=\dfrac{1}{\alpha}+\alpha=z$

よって，$z=\alpha+\dfrac{1}{\alpha}$ は実数である。

139

絶対値を r，偏角を θ とする。

(1) $r=\sqrt{(\sqrt{3}\,)^2+1^2}=2$

$\theta=\dfrac{\pi}{6}$

より

$\sqrt{3}+i$

$=\mathbf{2\left(\cos\dfrac{\pi}{6}+i\sin\dfrac{\pi}{6}\right)}$

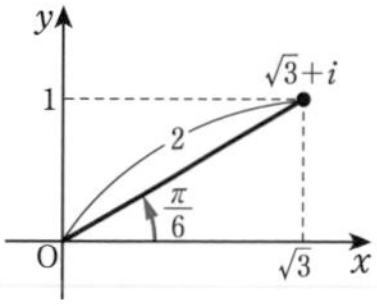

(2) $r=\sqrt{(-1)^2+(\sqrt{3}\,)^2}$
$=2$

$\theta=\dfrac{2}{3}\pi$

より

$-1+\sqrt{3}\,i$

$=\mathbf{2\left(\cos\dfrac{2}{3}\pi+i\sin\dfrac{2}{3}\pi\right)}$

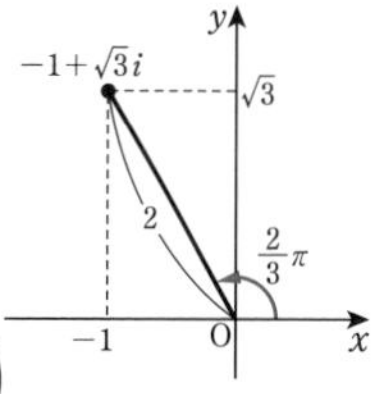

(3) $r=\sqrt{(-1)^2+(-1)^2}$
$=\sqrt{2}$

$\theta=\dfrac{5}{4}\pi$

より

$-1-i$

$=\mathbf{\sqrt{2}\left(\cos\dfrac{5}{4}\pi+i\sin\dfrac{5}{4}\pi\right)}$

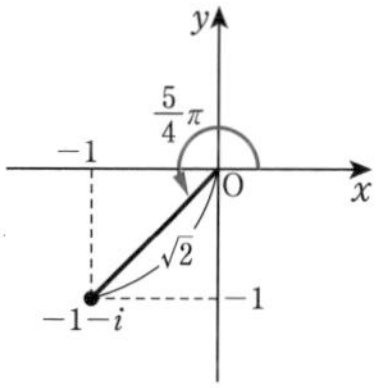

(4) $r=\sqrt{(\sqrt{3})^2+(-3)^2}$

$=\sqrt{12}=2\sqrt{3}$

$\theta=\dfrac{5}{3}\pi$

より

$\sqrt{3}-3i$

$=2\sqrt{3}\left(\cos\dfrac{5}{3}\pi+i\sin\dfrac{5}{3}\pi\right)$

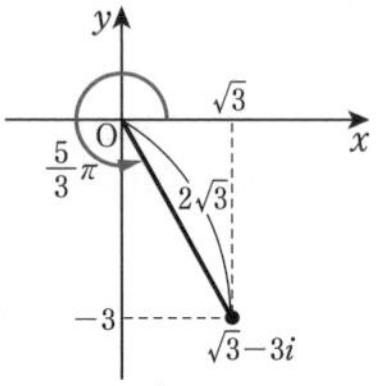

(5) $r=|4i|=4$

$\theta=\dfrac{\pi}{2}$

より

$4i=4\left(\cos\dfrac{\pi}{2}+i\sin\dfrac{\pi}{2}\right)$

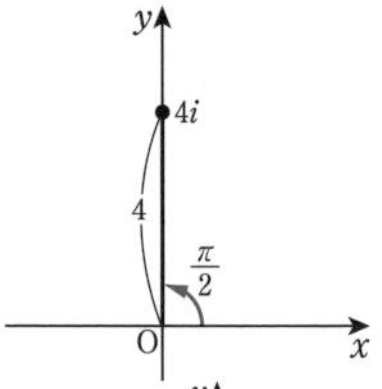

(6) $r=|-8|=8$

$\theta=\pi$

より

$-8=8(\cos\pi+i\sin\pi)$

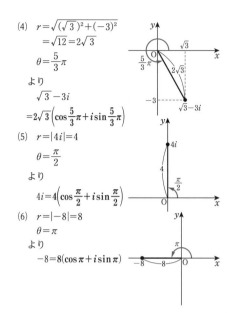

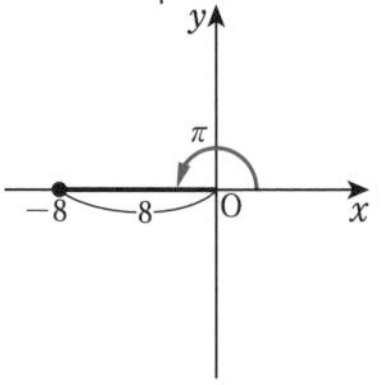

140 (1) z_1z_2

$=3\times2\left\{\cos\left(\dfrac{2}{3}\pi+\dfrac{\pi}{4}\right)+i\sin\left(\dfrac{2}{3}\pi+\dfrac{\pi}{4}\right)\right\}$

$=6\left(\cos\dfrac{11}{12}\pi+i\sin\dfrac{11}{12}\pi\right)$

$\dfrac{z_1}{z_2}=\dfrac{3}{2}\left\{\cos\left(\dfrac{2}{3}\pi-\dfrac{\pi}{4}\right)+i\sin\left(\dfrac{2}{3}\pi-\dfrac{\pi}{4}\right)\right\}$

$=\dfrac{3}{2}\left(\cos\dfrac{5}{12}\pi+i\sin\dfrac{5}{12}\pi\right)$

(2) $z_1z_2=4\times1\left\{\cos\left(\dfrac{3}{2}\pi+\dfrac{\pi}{6}\right)+i\sin\left(\dfrac{3}{2}\pi+\dfrac{\pi}{6}\right)\right\}$

$=4\left(\cos\dfrac{5}{3}\pi+i\sin\dfrac{5}{3}\pi\right)$

$\dfrac{z_1}{z_2}=\dfrac{4}{1}\left\{\cos\left(\dfrac{3}{2}\pi-\dfrac{\pi}{6}\right)+i\sin\left(\dfrac{3}{2}\pi-\dfrac{\pi}{6}\right)\right\}$

$=4\left(\cos\dfrac{4}{3}\pi+i\sin\dfrac{4}{3}\pi\right)$

141 (1) $z_1=\sqrt{2}\left(\cos\dfrac{3}{4}\pi+i\sin\dfrac{3}{4}\pi\right)$

$z_2=2\sqrt{3}\left(\cos\dfrac{\pi}{3}+i\sin\dfrac{\pi}{3}\right)$

より

$z_1z_2=\sqrt{2}\times2\sqrt{3}\left\{\cos\left(\dfrac{3}{4}\pi+\dfrac{\pi}{3}\right)\right.$

$\left.+i\sin\left(\dfrac{3}{4}\pi+\dfrac{\pi}{3}\right)\right\}$

$=2\sqrt{6}\left(\cos\dfrac{13}{12}\pi+i\sin\dfrac{13}{12}\pi\right)$

$\dfrac{z_1}{z_2}=\dfrac{\sqrt{2}}{2\sqrt{3}}\left\{\cos\left(\dfrac{3}{4}\pi-\dfrac{\pi}{3}\right)+i\sin\left(\dfrac{3}{4}\pi-\dfrac{\pi}{3}\right)\right\}$

$=\dfrac{\sqrt{6}}{6}\left(\cos\dfrac{5}{12}\pi+i\sin\dfrac{5}{12}\pi\right)$

(2) $z_1=2\left(\cos\dfrac{5}{3}\pi+i\sin\dfrac{5}{3}\pi\right)$

$z_2=\sqrt{2}\left(\cos\dfrac{\pi}{4}+i\sin\dfrac{\pi}{4}\right)$

より

$z_1z_2=2\times\sqrt{2}\left\{\cos\left(\dfrac{5}{3}\pi+\dfrac{\pi}{4}\right)+i\sin\left(\dfrac{5}{3}\pi+\dfrac{\pi}{4}\right)\right\}$

$=2\sqrt{2}\left(\cos\dfrac{23}{12}\pi+i\sin\dfrac{23}{12}\pi\right)$

$\dfrac{z_1}{z_2}=\dfrac{2}{\sqrt{2}}\left\{\cos\left(\dfrac{5}{3}\pi-\dfrac{\pi}{4}\right)+i\sin\left(\dfrac{5}{3}\pi-\dfrac{\pi}{4}\right)\right\}$

$=\sqrt{2}\left(\cos\dfrac{17}{12}\pi+i\sin\dfrac{17}{12}\pi\right)$

(3) $z_1=2\left(\cos\dfrac{3}{2}\pi+i\sin\dfrac{3}{2}\pi\right)$

$z_2=2\sqrt{2}\left(\cos\dfrac{5}{6}\pi+i\sin\dfrac{5}{6}\pi\right)$

より

$z_1z_2=2\times2\sqrt{2}\left\{\cos\left(\dfrac{3}{2}\pi+\dfrac{5}{6}\pi\right)\right.$

$\left.+i\sin\left(\dfrac{3}{2}\pi+\dfrac{5}{6}\pi\right)\right\}$

$=4\sqrt{2}\left(\cos\dfrac{7}{3}\pi+i\sin\dfrac{7}{3}\pi\right)$

$=4\sqrt{2}\left(\cos\dfrac{\pi}{3}+i\sin\dfrac{\pi}{3}\right)$

$\dfrac{z_1}{z_2}=\dfrac{2}{2\sqrt{2}}\left\{\cos\left(\dfrac{3}{2}\pi-\dfrac{5}{6}\pi\right)\right.$

$\left.+i\sin\left(\dfrac{3}{2}\pi-\dfrac{5}{6}\pi\right)\right\}$

$=\dfrac{\sqrt{2}}{2}\left(\cos\dfrac{2}{3}\pi+i\sin\dfrac{2}{3}\pi\right)$

142 (1) $1+i=\sqrt{2}\left(\cos\dfrac{\pi}{4}+i\sin\dfrac{\pi}{4}\right)$ より

点 $(1+i)z$ は，**点 z を原点のまわりに $\dfrac{\pi}{4}$ だけ回転し，原点からの距離を $\sqrt{2}$ 倍した点**である。

(2) $-\sqrt{3}-i=2\left(\cos\dfrac{7}{6}\pi+i\sin\dfrac{7}{6}\pi\right)$ より

点 $(-\sqrt{3}-i)z$ は，**点 z を原点のまわりに $\dfrac{7}{6}\pi$ だけ回転し，原点からの距離を 2 倍した点**である。

(3) $-5=5(\cos\pi+i\sin\pi)$ より

点 $-5z$ は，**点 z を原点のまわりに π だけ回転し，原点からの距離を 5 倍した点**である。

(4) $-7i=7\left(\cos\frac{3}{2}\pi+i\sin\frac{3}{2}\pi\right)$ より

点 $-7iz$ は，**点 z を原点のまわりに $\frac{3}{2}\pi$ だけ回転し，原点からの距離を 7 倍した点**である。

143 (1) $\left(\cos\frac{\pi}{6}+i\sin\frac{\pi}{6}\right)z$

$=\left(\frac{\sqrt{3}}{2}+\frac{1}{2}i\right)(\sqrt{3}+2i)$

$=\boldsymbol{\frac{1+3\sqrt{3}i}{2}}$

(2) $\left(\cos\frac{4}{3}\pi+i\sin\frac{4}{3}\pi\right)z$

$=\left(-\frac{1}{2}-\frac{\sqrt{3}}{2}i\right)(\sqrt{3}+2i)$

$=\boldsymbol{\frac{\sqrt{3}-5i}{2}}$

144 (1) $\sqrt{3}+i=2\left(\cos\frac{\pi}{6}+i\sin\frac{\pi}{6}\right)$ より

$\frac{z}{\sqrt{3}+i}$ は，**点 z を原点のまわりに $-\frac{\pi}{6}$ だけ回転し，原点からの距離を $\frac{1}{2}$ 倍した点**である。

(2) $-2+2i=2\sqrt{2}\left(\cos\frac{3}{4}\pi+i\sin\frac{3}{4}\pi\right)$ より

$\frac{z}{-2+2i}$ は，**点 z を原点のまわりに $-\frac{3}{4}\pi$ だけ回転し，原点からの距離を $\frac{1}{2\sqrt{2}}$ 倍した点**である。

(3) $3i=3\left(\cos\frac{\pi}{2}+i\sin\frac{\pi}{2}\right)$ より

$\frac{z}{3i}$ は，**点 z を原点のまわりに $-\frac{\pi}{2}$ だけ回転し，原点からの距離を $\frac{1}{3}$ 倍した点**である。

145 絶対値を r，偏角を θ とする。

(1) $(\sqrt{3}-i)^2-4=-2-2\sqrt{3}i$

$r=\sqrt{(-2)^2+(-2\sqrt{3})^2}=4$

$\theta=\frac{4}{3}\pi$

より

$(\sqrt{3}-i)^2-4=\boldsymbol{4\left(\cos\frac{4}{3}\pi+i\sin\frac{4}{3}\pi\right)}$

(2) $(5+\sqrt{3}i)(\sqrt{3}-2i)=7\sqrt{3}-7i$

$r=\sqrt{(7\sqrt{3})^2+(-7)^2}=14$

$\theta=\frac{11}{6}\pi$

より

$(5+\sqrt{3}i)(\sqrt{3}-2i)=\boldsymbol{14\left(\cos\frac{11}{6}\pi+i\sin\frac{11}{6}\pi\right)}$

(3) $\frac{1+4i}{5+3i}=\frac{(1+4i)(5-3i)}{(5+3i)(5-3i)}=\frac{17+17i}{34}=\frac{1}{2}+\frac{1}{2}i$

$r=\sqrt{\left(\frac{1}{2}\right)^2+\left(\frac{1}{2}\right)^2}=\frac{\sqrt{2}}{2}$

$\theta=\frac{\pi}{4}$

より

$\frac{1+4i}{5+3i}=\boldsymbol{\frac{\sqrt{2}}{2}\left(\cos\frac{\pi}{4}+i\sin\frac{\pi}{4}\right)}$

146 $(1+i)(\sqrt{3}+i)=\sqrt{3}-1+(\sqrt{3}+1)i$ ……①

また $1+i=\sqrt{2}\left(\cos\frac{\pi}{4}+i\sin\frac{\pi}{4}\right)$

$\sqrt{3}+i=2\left(\cos\frac{\pi}{6}+i\sin\frac{\pi}{6}\right)$

より

$(1+i)(\sqrt{3}+i)$

$=\sqrt{2}\times2\left\{\cos\left(\frac{\pi}{4}+\frac{\pi}{6}\right)+i\sin\left(\frac{\pi}{4}+\frac{\pi}{6}\right)\right\}$

$=2\sqrt{2}\left(\cos\frac{5}{12}\pi+i\sin\frac{5}{12}\pi\right)$ ……②

①，②より

$\boldsymbol{\cos\frac{5}{12}\pi}=\frac{\sqrt{3}-1}{2\sqrt{2}}=\boldsymbol{\frac{\sqrt{6}-\sqrt{2}}{4}}$

$\boldsymbol{\sin\frac{5}{12}\pi}=\frac{\sqrt{3}+1}{2\sqrt{2}}=\boldsymbol{\frac{\sqrt{6}+\sqrt{2}}{4}}$

147 $(\cos5\theta+i\sin5\theta)(\cos7\theta+i\sin7\theta)$

$=\cos12\theta+i\sin12\theta$

よって

(与式)$=\cos(12\theta-3\theta)+i\sin(12\theta-3\theta)$

$=\cos9\theta+i\sin9\theta$

したがって，$\theta=\frac{\pi}{18}$ のとき

(与式)$=\cos\left(9\times\frac{\pi}{18}\right)+i\sin\left(9\times\frac{\pi}{18}\right)$

$=\cos\frac{\pi}{2}+i\sin\frac{\pi}{2}$

$=\boldsymbol{i}$

148 (1) $2\left(\cos\frac{\pi}{3}+i\sin\frac{\pi}{3}\right)z$

$=2\left(\frac{1}{2}+\frac{\sqrt{3}}{2}i\right)(4-\sqrt{3}\,i)$

$=(1+\sqrt{3}\,i)(4-\sqrt{3}\,i)$

$=\boldsymbol{7+3\sqrt{3}\,i}$

(2) $2\sqrt{3}\left(\cos\frac{5}{6}\pi+i\sin\frac{5}{6}\pi\right)z$

$=2\sqrt{3}\left(-\frac{\sqrt{3}}{2}+\frac{1}{2}i\right)(4-\sqrt{3}\,i)$

$=(-3+\sqrt{3}\,i)(4-\sqrt{3}\,i)$

$=\boldsymbol{-9+7\sqrt{3}\,i}$

149 点 z は，点 $-1+5i$ を原点のまわりに $-\frac{3}{4}\pi$ だけ回転し，原点からの距離を $\frac{1}{3\sqrt{2}}$ 倍した点であるから

$z=\frac{1}{3\sqrt{2}}\left\{\cos\left(-\frac{3}{4}\pi\right)+i\sin\left(-\frac{3}{4}\pi\right)\right\}(-1+5i)$

$=\frac{1}{3\sqrt{2}}\left(-\frac{1}{\sqrt{2}}-\frac{1}{\sqrt{2}}i\right)(-1+5i)$

$=-\frac{1}{6}(1+i)(-1+5i)$

$=\boldsymbol{1-\frac{2}{3}i}$

150 (1) $\cos(-\theta)=\cos\theta$, $\sin(-\theta)=-\sin\theta$ より

$\cos\frac{\pi}{6}-i\sin\frac{\pi}{6}=\cos\left(-\frac{\pi}{6}\right)+i\sin\left(-\frac{\pi}{6}\right)$

$=\boldsymbol{\cos\frac{11}{6}\pi+i\sin\frac{11}{6}\pi}$

(2) $\cos(\theta+\pi)=-\cos\theta$, $\sin(\theta+\pi)=-\sin\theta$ より

$-\left(\cos\frac{2}{5}\pi+i\sin\frac{2}{5}\pi\right)$

$=\left(-\cos\frac{2}{5}\pi\right)+i\left(-\sin\frac{2}{5}\pi\right)$

$=\cos\left(\frac{2}{5}\pi+\pi\right)+i\sin\left(\frac{2}{5}\pi+\pi\right)$

$=\boldsymbol{\cos\frac{7}{5}\pi+i\sin\frac{7}{5}\pi}$

別解 $-1=\cos\pi+i\sin\pi$ より

$-\left(\cos\frac{2}{5}\pi+i\sin\frac{2}{5}\pi\right)$

$=(\cos\pi+i\sin\pi)\left(\cos\frac{2}{5}\pi+i\sin\frac{2}{5}\pi\right)$

$=\boldsymbol{\cos\frac{7}{5}\pi+i\sin\frac{7}{5}\pi}$

(3) $-\cos\frac{\pi}{12}+i\sin\frac{\pi}{12}$

$=-\left(\cos\frac{\pi}{12}-i\sin\frac{\pi}{12}\right)$

$=-\left\{\cos\left(-\frac{\pi}{12}\right)+i\sin\left(-\frac{\pi}{12}\right)\right\}$

$=\cos\left(-\frac{\pi}{12}+\pi\right)+i\sin\left(-\frac{\pi}{12}+\pi\right)$

$=\boldsymbol{\cos\frac{11}{12}\pi+i\sin\frac{11}{12}\pi}$

(4) $\cos\left(\frac{\pi}{2}-\theta\right)=\sin\theta$, $\sin\left(\frac{\pi}{2}-\theta\right)=\cos\theta$ より

$\sin\frac{3}{8}\pi+i\cos\frac{3}{8}\pi$

$=\cos\left(\frac{\pi}{2}-\frac{3}{8}\pi\right)+i\sin\left(\frac{\pi}{2}-\frac{3}{8}\pi\right)$

$=\boldsymbol{\cos\frac{\pi}{8}+i\sin\frac{\pi}{8}}$

151 (1) $\left(\cos\frac{\pi}{3}+i\sin\frac{\pi}{3}\right)^3$

$=\cos\left(3\times\frac{\pi}{3}\right)+i\sin\left(3\times\frac{\pi}{3}\right)$

$=\cos\pi+i\sin\pi$

$=\boldsymbol{-1}$

(2) $\left(\cos\frac{\pi}{6}+i\sin\frac{\pi}{6}\right)^4$

$=\cos\left(4\times\frac{\pi}{6}\right)+i\sin\left(4\times\frac{\pi}{6}\right)$

$=\cos\frac{2}{3}\pi+i\sin\frac{2}{3}\pi$

$=\boldsymbol{-\frac{1}{2}+\frac{\sqrt{3}}{2}i}$

(3) $\left(\cos\frac{\pi}{4}+i\sin\frac{\pi}{4}\right)^{-2}$

$=\cos\left\{(-2)\times\frac{\pi}{4}\right\}+i\sin\left\{(-2)\times\frac{\pi}{4}\right\}$

$=\cos\left(-\frac{\pi}{2}\right)+i\sin\left(-\frac{\pi}{2}\right)$

$=\boldsymbol{-i}$

(4) $\left(\cos\frac{\pi}{6}+i\sin\frac{\pi}{6}\right)^{-5}$

$=\cos\left\{(-5)\times\frac{\pi}{6}\right\}+i\sin\left\{(-5)\times\frac{\pi}{6}\right\}$

$=\cos\left(-\frac{5}{6}\pi\right)+i\sin\left(-\frac{5}{6}\pi\right)$

$=\boldsymbol{-\frac{\sqrt{3}}{2}-\frac{1}{2}i}$

152 $z=\frac{\sqrt{3}}{2}+\frac{1}{2}i=\cos\frac{\pi}{6}+i\sin\frac{\pi}{6}$

(1) $z^3=\left(\cos\frac{\pi}{6}+i\sin\frac{\pi}{6}\right)^3$

$=\cos\left(3\times\frac{\pi}{6}\right)+i\sin\left(3\times\frac{\pi}{6}\right)$

$=\cos\frac{\pi}{2}+i\sin\frac{\pi}{2}$

$=\boldsymbol{i}$

(2) $z^{11}=\left(\cos\frac{\pi}{6}+i\sin\frac{\pi}{6}\right)^{11}$

$=\cos\left(11\times\frac{\pi}{6}\right)+i\sin\left(11\times\frac{\pi}{6}\right)$

$=\cos\frac{11}{6}\pi+i\sin\frac{11}{6}\pi$

$=\boldsymbol{\frac{\sqrt{3}}{2}-\frac{1}{2}i}$

(3) $\frac{1}{z}=z^{-1}=\left(\cos\frac{\pi}{6}+i\sin\frac{\pi}{6}\right)^{-1}$

$=\cos\left\{(-1)\times\frac{\pi}{6}\right\}+i\sin\left\{(-1)\times\frac{\pi}{6}\right\}$

$=\cos\left(-\frac{\pi}{6}\right)+i\sin\left(-\frac{\pi}{6}\right)$

$=\boldsymbol{\frac{\sqrt{3}}{2}-\frac{1}{2}i}$

(4) $\frac{1}{z^4}=z^{-4}=\left(\cos\frac{\pi}{6}+i\sin\frac{\pi}{6}\right)^{-4}$

$=\cos\left\{(-4)\times\frac{\pi}{6}\right\}+i\sin\left\{(-4)\times\frac{\pi}{6}\right\}$

$=\cos\left(-\frac{2}{3}\pi\right)+i\sin\left(-\frac{2}{3}\pi\right)$

$=\boldsymbol{-\frac{1}{2}-\frac{\sqrt{3}}{2}i}$

153 (1) $-1+\sqrt{3}\,i=2\left(\cos\frac{2}{3}\pi+i\sin\frac{2}{3}\pi\right)$

であるから

$(-1+\sqrt{3}\,i)^6=2^6\left(\cos\frac{2}{3}\pi+i\sin\frac{2}{3}\pi\right)^6$

$=2^6\left\{\cos\left(6\times\frac{2}{3}\pi\right)+i\sin\left(6\times\frac{2}{3}\pi\right)\right\}$

$=64(\cos 4\pi+i\sin 4\pi)$

$=\mathbf{64}$

(2) $-1+i=\sqrt{2}\left(\cos\frac{3}{4}\pi+i\sin\frac{3}{4}\pi\right)$ であるから

$(-1+i)^4=(\sqrt{2})^4\left(\cos\frac{3}{4}\pi+i\sin\frac{3}{4}\pi\right)^4$

$=(\sqrt{2})^4\left\{\cos\left(4\times\frac{3}{4}\pi\right)+i\sin\left(4\times\frac{3}{4}\pi\right)\right\}$

$=4(\cos 3\pi+i\sin 3\pi)$

$=\mathbf{-4}$

(3) $1-\sqrt{3}\,i=2\left(\cos\frac{5}{3}\pi+i\sin\frac{5}{3}\pi\right)$ であるから

$(1-\sqrt{3}\,i)^5=2^5\left(\cos\frac{5}{3}\pi+i\sin\frac{5}{3}\pi\right)^5$

$=2^5\left\{\cos\left(5\times\frac{5}{3}\pi\right)+i\sin\left(5\times\frac{5}{3}\pi\right)\right\}$

$=32\left(\cos\frac{25}{3}\pi+i\sin\frac{25}{3}\pi\right)$

$=32\left(\cos\frac{\pi}{3}+i\sin\frac{\pi}{3}\right)$

$=32\left(\frac{1}{2}+\frac{\sqrt{3}}{2}i\right)$

$=\boldsymbol{16+16\sqrt{3}\,i}$

(4) $1+i=\sqrt{2}\left(\cos\frac{\pi}{4}+i\sin\frac{\pi}{4}\right)$ であるから

$(1+i)^{-7}=(\sqrt{2})^{-7}\left(\cos\frac{\pi}{4}+i\sin\frac{\pi}{4}\right)^{-7}$

$=\frac{1}{(\sqrt{2})^7}\left\{\cos\left(-7\times\frac{\pi}{4}\right)+i\sin\left(-7\times\frac{\pi}{4}\right)\right\}$

$=\frac{1}{(\sqrt{2})^7}\left\{\cos\left(-\frac{7}{4}\pi\right)+i\sin\left(-\frac{7}{4}\pi\right)\right\}$

$=\frac{1}{8\sqrt{2}}\left(\frac{1}{\sqrt{2}}+\frac{1}{\sqrt{2}}i\right)$

$=\boldsymbol{\frac{1}{16}+\frac{1}{16}i}$

154 $z=r(\cos\theta+i\sin\theta)$ ……①

とおくと，ド・モアブルの定理より

$z^5=r^5(\cos 5\theta+i\sin 5\theta)$

また，$1=\cos 0+i\sin 0$ であるから，$z^5=1$ より

$r^5(\cos 5\theta+i\sin 5\theta)=\cos 0+i\sin 0$ ……②

②の両辺の絶対値と偏角を比べて

$r^5=1$，$r>0$ より　$r=1$ ……③

$5\theta=0+2k\pi$ より　$\theta=\frac{2}{5}k\pi$（k は整数）

$0\leqq\theta<2\pi$ の範囲で考えると　$k=0, 1, 2, 3, 4$

より　$\theta=0, \frac{2}{5}\pi, \frac{4}{5}\pi, \frac{6}{5}\pi, \frac{8}{5}\pi$ ……④

③，④を①に代入して，求める解は

$z_0=\cos 0+i\sin 0=1$

$z_1=\cos\frac{2}{5}\pi+i\sin\frac{2}{5}\pi$

$z_2=\cos\frac{4}{5}\pi+i\sin\frac{4}{5}\pi$

$z_3=\cos\frac{6}{5}\pi+i\sin\frac{6}{5}\pi$

$z_4=\cos\frac{8}{5}\pi+i\sin\frac{8}{5}\pi$

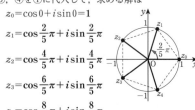

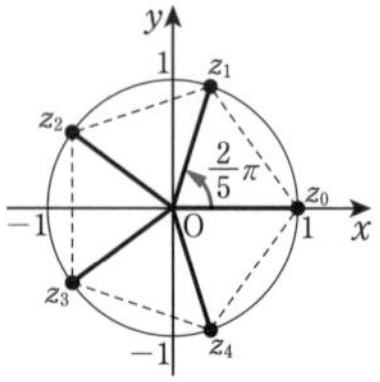

これらを複素数平面上に図示すると，上の図のようになる。

155 (1) $z=r(\cos\theta+i\sin\theta)$ ……①

とおくと，ド・モアブルの定理より

$z^3=r^3(\cos 3\theta+i\sin 3\theta)$

また，$8=8(\cos 0+i\sin 0)$ であるから，$z^3=8$ のとき

$r^3(\cos 3\theta+i\sin 3\theta)=8(\cos 0+i\sin 0)$ ……②

②の両辺の絶対値と偏角を比べて

$r^3=8$，$r>0$ より　$r=2$ ……③

$3\theta=0+2k\pi$ より　$\theta=\frac{2}{3}k\pi$（k は整数）

$0\leqq\theta<2\pi$ の範囲で考えると　$k=0$，1，2

より　$\theta=0$，$\frac{2}{3}\pi$，$\frac{4}{3}\pi$ ……④

③，④を①に代入して，求める解は

$z=2$，$-1+\sqrt{3}i$，$-1-\sqrt{3}i$

(2) $z=r(\cos\theta+i\sin\theta)$ ……①

とおくと，ド・モアブルの定理より

$z^2=r^2(\cos 2\theta+i\sin 2\theta)$

また，$i=\cos\frac{\pi}{2}+i\sin\frac{\pi}{2}$ であるから，$z^2=i$ のとき

$r^2(\cos 2\theta+i\sin 2\theta)=\cos\frac{\pi}{2}+i\sin\frac{\pi}{2}$ ……②

②の両辺の絶対値と偏角を比べて

$r^2=1$，$r>0$ より　$r=1$ ……③

$2\theta=\frac{\pi}{2}+2k\pi$ より　$\theta=\frac{\pi}{4}+k\pi$（$k$ は整数）

$0\leqq\theta<2\pi$ の範囲で考えると　$k=0$，1

より　$\theta=\frac{\pi}{4}$，$\frac{5}{4}\pi$ ……④

③，④を①に代入して，求める解は

$z=\frac{1}{\sqrt{2}}+\frac{1}{\sqrt{2}}i$，$-\frac{1}{\sqrt{2}}-\frac{1}{\sqrt{2}}i$

(3) $z=r(\cos\theta+i\sin\theta)$ ……①

とおくと，ド・モアブルの定理より

$z^3=r^3(\cos 3\theta+i\sin 3\theta)$

また，$-27i=27\left(\cos\frac{3}{2}\pi+i\sin\frac{3}{2}\pi\right)$ であるから，$z^3=-27i$ のとき

$r^3(\cos 3\theta+i\sin 3\theta)=27\left(\cos\frac{3}{2}\pi+i\sin\frac{3}{2}\pi\right)$ ……②

②の両辺の絶対値と偏角を比べて

$r^3=27$，$r>0$ より　$r=3$ ……③

$3\theta=\frac{3}{2}\pi+2k\pi$ より　$\theta=\frac{\pi}{2}+\frac{2}{3}k\pi$（$k$ は整数）

$0\leqq\theta<2\pi$ の範囲で考えると　$k=0$，1，2

より　$\theta=\frac{\pi}{2}$，$\frac{7}{6}\pi$，$\frac{11}{6}\pi$ ……④

③，④を①に代入して，求める解は

$z=3i$，$-\frac{3\sqrt{3}}{2}-\frac{3}{2}i$，$\frac{3\sqrt{3}}{2}-\frac{3}{2}i$

(4) $z=r(\cos\theta+i\sin\theta)$ ……①

とおくと，ド・モアブルの定理より

$z^4=r^4(\cos 4\theta+i\sin 4\theta)$

また，$\frac{-1+\sqrt{3}i}{2}=\cos\frac{2}{3}\pi+i\sin\frac{2}{3}\pi$ であるから，$z^4=\frac{-1+\sqrt{3}i}{2}$ のとき

$r^4(\cos 4\theta+i\sin 4\theta)=\cos\frac{2}{3}\pi+i\sin\frac{2}{3}\pi$ ……②

②の両辺の絶対値と偏角を比べて

$r^4=1$，$r>0$ より　$r=1$ ……③

$4\theta=\frac{2}{3}\pi+2k\pi$ より　$\theta=\frac{\pi}{6}+\frac{1}{2}k\pi$（$k$ は整数）

$0\leqq\theta<2\pi$ の範囲で考えると　$k=0$，1，2，3

より　$\theta=\frac{\pi}{6}$，$\frac{2}{3}\pi$，$\frac{7}{6}\pi$，$\frac{5}{3}\pi$ ……④

③，④を①に代入して，求める解は

$z=\frac{\sqrt{3}}{2}+\frac{1}{2}i$，$-\frac{1}{2}+\frac{\sqrt{3}}{2}i$，

$-\frac{\sqrt{3}}{2}-\frac{1}{2}i$，$\frac{1}{2}-\frac{\sqrt{3}}{2}i$

156 (1) $1+\sqrt{3}i=2\left(\cos\frac{\pi}{3}+i\sin\frac{\pi}{3}\right)$

$1+i=\sqrt{2}\left(\cos\frac{\pi}{4}+i\sin\frac{\pi}{4}\right)$ より

$(1+\sqrt{3}i)(1+i)$

$=2\times\sqrt{2}\left\{\cos\left(\frac{\pi}{3}+\frac{\pi}{4}\right)+i\sin\left(\frac{\pi}{3}+\frac{\pi}{4}\right)\right\}$

$=2\sqrt{2}\left(\cos\frac{7}{12}\pi+i\sin\frac{7}{12}\pi\right)$

よって

$\{(1+\sqrt{3}i)(1+i)\}^6$

$=(2\sqrt{2})^6\left(\cos\frac{7}{12}\pi+i\sin\frac{7}{12}\pi\right)^6$

$=512\left(\cos\frac{7}{2}\pi+i\sin\frac{7}{2}\pi\right)$

$=\boldsymbol{-512i}$

(2) $\sqrt{3}-i=2\left(\cos\frac{11}{6}\pi+i\sin\frac{11}{6}\pi\right)$ より

$\frac{1}{(\sqrt{3}-i)^6}=(\sqrt{3}-i)^{-6}$

$=2^{-6}\left(\cos\frac{11}{6}\pi+i\sin\frac{11}{6}\pi\right)^{-6}$

$=\frac{1}{64}\{\cos(-11\pi)+i\sin(-11\pi)\}$

$=\boldsymbol{-\frac{1}{64}}$

別解 $\sqrt{3}-i=2\left\{\cos\left(-\frac{\pi}{6}\right)+i\sin\left(-\frac{\pi}{6}\right)\right\}$ より

$\frac{1}{(\sqrt{3}-i)^6}=(\sqrt{3}-i)^{-6}$

$=2^{-6}\left\{\cos\left(-\frac{\pi}{6}\right)+i\sin\left(-\frac{\pi}{6}\right)\right\}^{-6}$

$=\frac{1}{64}(\cos\pi+i\sin\pi)$

$=\boldsymbol{-\frac{1}{64}}$

(3) $1-i=\sqrt{2}\left(\cos\frac{7}{4}\pi+i\sin\frac{7}{4}\pi\right)$

$1-\sqrt{3}i=2\left(\cos\frac{5}{3}\pi+i\sin\frac{5}{3}\pi\right)$ より

$\frac{1-i}{1-\sqrt{3}i}$

$=\frac{\sqrt{2}}{2}\left\{\cos\left(\frac{7}{4}\pi-\frac{5}{3}\pi\right)+i\sin\left(\frac{7}{4}\pi-\frac{5}{3}\pi\right)\right\}$

$=\frac{1}{\sqrt{2}}\left(\cos\frac{\pi}{12}+i\sin\frac{\pi}{12}\right)$

よって

$\left(\frac{1-i}{1-\sqrt{3}i}\right)^{10}=\left(\frac{1}{\sqrt{2}}\right)^{10}\left(\cos\frac{\pi}{12}+i\sin\frac{\pi}{12}\right)^{10}$

$=\frac{1}{2^5}\left(\cos\frac{5}{6}\pi+i\sin\frac{5}{6}\pi\right)$

$=\frac{1}{32}\left(-\frac{\sqrt{3}}{2}+\frac{1}{2}i\right)$

$=\boldsymbol{-\frac{\sqrt{3}}{64}+\frac{1}{64}i}$

157 $-1+i=\sqrt{2}\left(\cos\frac{3}{4}\pi+i\sin\frac{3}{4}\pi\right)$

であるから，ド・モアブルの定理より

$(-1+i)^n=(\sqrt{2})^n\left(\cos\frac{3}{4}\pi+i\sin\frac{3}{4}\pi\right)^n$

$=(\sqrt{2})^n\left(\cos\frac{3}{4}n\pi+i\sin\frac{3}{4}n\pi\right)$

これが実数となるのは，$\sin\frac{3}{4}n\pi=0$ のときである。

すなわち，$\frac{3}{4}n$ が整数であればよいから，最小の自然数 n は　$\boldsymbol{n=4}$

158 $\frac{-1+\sqrt{3}i}{2}=\cos\frac{2}{3}\pi+i\sin\frac{2}{3}\pi$

$\frac{-1-\sqrt{3}i}{2}=\cos\left(-\frac{2}{3}\pi\right)+i\sin\left(-\frac{2}{3}\pi\right)$

であるから，ド・モアブルの定理より

(与式)$=\left(\cos\frac{2}{3}\pi+i\sin\frac{2}{3}\pi\right)^n$

$+\left\{\cos\left(-\frac{2}{3}\pi\right)+i\sin\left(-\frac{2}{3}\pi\right)\right\}^n$

$=\left(\cos\frac{2}{3}n\pi+i\sin\frac{2}{3}n\pi\right)$

$+\left\{\cos\left(-\frac{2}{3}n\pi\right)+i\sin\left(-\frac{2}{3}n\pi\right)\right\}$

$=\left(\cos\frac{2}{3}n\pi+i\sin\frac{2}{3}n\pi\right)$

$+\left(\cos\frac{2}{3}n\pi-i\sin\frac{2}{3}n\pi\right)$

$=2\cos\frac{2}{3}n\pi$

よって，求める値は，k を自然数とすると

$n=3k$ のとき　2

$n=3k-1$，$3k-2$ のとき　-1

159 (1) ド・モアブルの定理より

$z^5=\left(\cos\frac{4}{5}\pi+i\sin\frac{4}{5}\pi\right)^5$

$=\cos4\pi+i\sin4\pi$

$=\boldsymbol{1}$

(2) (1)より　$z^5-1=0$

また

$z^5-1=(z-1)(z^4+z^3+z^2+z+1)$

よって

$(z-1)(z^4+z^3+z^2+z+1)=0$

$z\neq1$ であるから，両辺を $z-1$ で割ると

$z^4+z^3+z^2+z+1=0$

160 等式の両辺に z を掛けて整理すると

$z^2+z+1=0$

この2次方程式を解いて $z=\dfrac{-1\pm\sqrt{3}i}{2}$

これを極形式で表すと

$z=\cos\left(\pm\dfrac{2}{3}\pi\right)+i\sin\left(\pm\dfrac{2}{3}\pi\right)$ (複号同順)

よって

$z^3=\left\{\cos\left(\pm\dfrac{2}{3}\pi\right)+i\sin\left(\pm\dfrac{2}{3}\pi\right)\right\}^3$

$=\cos(\pm2\pi)+i\sin(\pm2\pi)$ (複号同順)

$=\mathbf{1}$

別解 等式の両辺に z を掛けて整理すると

$z^2+z+1=0$

したがって $z^2=-z-1$

よって $z^3=z^2\times z=(-z-1)z$

$=-z^2-z=-(-z-1)-z=\mathbf{1}$

161 (1) $z_1=\dfrac{(2-5i)+3(6+3i)}{3+1}=\dfrac{20+4i}{4}$

$=\mathbf{5+i}$

$z_2=\dfrac{-(2-5i)+3(6+3i)}{3-1}=\dfrac{16+14i}{2}$

$=\mathbf{8+7i}$

(2) $z_1=\dfrac{3(2-5i)+2(6+3i)}{2+3}=\dfrac{18-9i}{5}=\mathbf{\dfrac{18}{5}-\dfrac{9}{5}i}$

$z_2=\dfrac{-3(2-5i)+2(6+3i)}{2-3}=\dfrac{6+21i}{-1}$

$=\mathbf{-6-21i}$

162 (1) $z=\dfrac{(-2+5i)+(1-9i)+(7+i)}{3}$

$=\dfrac{6-3i}{3}=\mathbf{2-i}$

(2) $z=\dfrac{(5+8i)+4i+(2-3i)}{3}=\dfrac{7+9i}{3}=\mathbf{\dfrac{7}{3}+3i}$

163 (1) **点3を中心とする半径4の円**

(2) 両辺を2で割って,

$\left|z-\dfrac{1}{2}i\right|=\dfrac{1}{2}$ より,

点 $\dfrac{1}{2}i$ を中心とする半径 $\dfrac{1}{2}$ の円

164 (1) **2点 -3, $2i$ を結ぶ線分の垂直二等分線**

(2) $|z|=|z-(-1+i)|$ より,

原点と点 $-1+i$ を結ぶ線分の垂直二等分線

165 (1) $\mathbf{|z|=2}$

(2) $\mathbf{|z-(2+i)|=5}$

(3) $\mathbf{|z-(3+2i)|=|z-(4-7i)|}$

166 A(α), B(β), C(γ) とすると, 線分BCの中点が点Aであるから

$\dfrac{\beta+\gamma}{2}=\alpha$ より $\gamma=2\alpha-\beta$

よって $\gamma=2(3+4i)-(-1+6i)$

$=\mathbf{7+2i}$

167 D(δ) とすると, 対角線ACとBDの中点が一致するから

$\dfrac{(-1+8i)+(4-i)}{2}=\dfrac{(-3+2i)+\delta}{2}$

よって

$\delta=(-1+8i)+(4-i)-(-3+2i)=\mathbf{6+5i}$

168 点P(w_1), Q(w_2), R(w_3) は, 辺BC, CA, ABを $m:n$ に内分する点であるから

$w_1=\dfrac{nz_2+mz_3}{m+n}$

$w_2=\dfrac{nz_3+mz_1}{m+n}$

$w_3=\dfrac{nz_1+mz_2}{m+n}$

よって, △PQRの重心G(w) について

$w=\dfrac{w_1+w_2+w_3}{3}$

$=\dfrac{1}{3}\left(\dfrac{nz_2+mz_3}{m+n}+\dfrac{nz_3+mz_1}{m+n}+\dfrac{nz_1+mz_2}{m+n}\right)$

$=\dfrac{1}{3}\times\dfrac{(m+n)z_1+(m+n)z_2+(m+n)z_3}{m+n}$

$=\mathbf{\dfrac{z_1+z_2+z_3}{3}}$

169 点 z は, 中心が原点, 半径1の円周上の点であるから, $|z|=1$ を満たしている。

(1) $w=z+2-i$ より $z=w-2+i$

ゆえに $|w-2+i|=1$

よって $|w-(2-i)|=1$

したがって, 点 w は**点 $2-i$ を中心とする半径1の円**を描く。

(2) $w=4iz-3$ より $z=\dfrac{w+3}{4i}$

ゆえに $\left|\dfrac{w+3}{4i}\right|=1$

よって $\dfrac{|w+3|}{|4i|}=1$ より $|w+3|=4$

したがって，点 w は**点 -3 を中心とする半径 4 の円**を描く。

(3) $w=\dfrac{3z+i}{z-1}$ より $(z-1)w=3z+i$

整理すると $(w-3)z=w+i$ ……①

ここで，$w=3$ は①を満たさないので $w-3\neq0$ である。

ゆえに $z=\dfrac{w+i}{w-3}$

よって $\left|\dfrac{w+i}{w-3}\right|=1$

より $|w+i|=|w-3|$

したがって，点 w は **2 点 $-i$，3 を結ぶ線分の垂直二等分線**を描く。

170 点 z は，点 i を中心とする半径 1 の円周上の点であるから，$|z-i|=1$ を満たしている。

(1) $w=\dfrac{2z+1}{z-i}$ より $w(z-i)=2z+1$

整理すると $(w-2)z=iw+1$ ……①

ここで，$w=2$ は①を満たさないので $w-2\neq0$ である。

ゆえに $z=\dfrac{iw+1}{w-2}$

このとき

$$z-i=\frac{iw+1}{w-2}-i$$
$$=\frac{iw+1-i(w-2)}{w-2}=\frac{1+2i}{w-2}$$

よって $\left|\dfrac{1+2i}{w-2}\right|=1$

より $|1+2i|=|w-2|$

また，$|1+2i|=\sqrt{1^2+2^2}=\sqrt{5}$ であるから

$|w-2|=\sqrt{5}$

したがって，点 w は**点 2 を中心とする半径 $\sqrt{5}$ の円**を描く。

(2) $w=\dfrac{1}{z}$ より $z=\dfrac{1}{w}$

このとき $z-i=\dfrac{1}{w}-i$

$=\dfrac{1-iw}{w}$

ゆえに $\left|\dfrac{1-iw}{w}\right|=1$

より $|1-iw|=|w|$

ここで $|1-iw|=|iw-1|=|iw+i^2|$

$=|i(w+i)|=|i||w+i|$

$=|w+i|$

よって $|w|=|w+i|$

したがって，点 w は**原点と点 $-i$ を結ぶ線分の垂直二等分線**を描く。

171 方程式の両辺を 2 乗して

$|z+5|^2=9|z-3|^2$

より $(z+5)(\overline{z+5})=9(z-3)(\overline{z-3})$

ゆえに $(z+5)(\overline{z}+5)=9(z-3)(\overline{z}-3)$

展開して

$z\overline{z}+5z+5\overline{z}+25=9(z\overline{z}-3z-3\overline{z}+9)$

$8z\overline{z}-32z-32\overline{z}+56=0$

$z\overline{z}-4z-4\overline{z}+7=0$

左辺を変形して $(z-4)(\overline{z}-4)-9=0$

$(z-4)(\overline{z-4})=9$

よって $|z-4|^2=9$ すなわち $|z-4|=3$

したがって，**点 4 を中心とする半径 3 の円**

注意 $|z+5|=3|z-3|$ より

$|z+5|:|z-3|=3:1$

であるから，求める図形は，2 点 -5，3 からの距離の比が $3:1$ である点 z の描く図形であり，2 点 -5，3 を結ぶ線分を $3:1$ に内分する点 1 および外分する点 7 を直径の両端とする（アポロニウスの）円である。

172 (1) $z\overline{z}=|z|^2$ より，与えられた方程式は

$|z|^2=9$ したがって $|z|=3$

よって，求める図形は，**中心が原点，半径 3 の円**

(2) $\overline{z}+i=\overline{z-i}$ より，与えられた方程式は

$(z-i)(\overline{z-i})=5$

すなわち，$|z-i|^2=5$ より $|z-i|=\sqrt{5}$

よって，求める図形は，**中心が点 i，半径 $\sqrt{5}$ の円**

(3) $|\overline{z}-2i|=|\overline{z+2i}|=|z+2i|$

より，与えられた方程式は $|z+2i|=3$

よって，求める図形は，**中心が点 $-2i$，半径 3 の円**

173 (1) $|z+2i|$ は 2 点 z, $-2i$ 間の距離であるから，求める範囲は，点 $-2i$ からの距離が 1 以下である点の集合である。

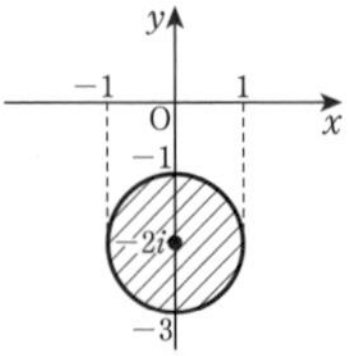

よって，点 $-2i$ を中心とする半径 1 の円の周と内部であり，**上の図の斜線部分（境界線を含む）**である。

(2) $|z|$ は原点から点 z までの距離であるから，求める範囲は，原点からの距離が 1 以上 2 以下である点の集合である。

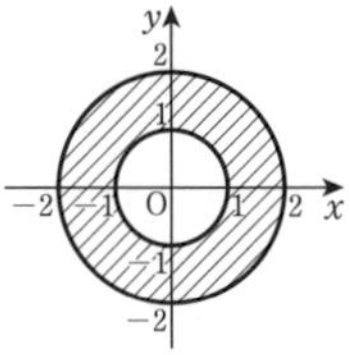

よって，原点を中心とする半径 1 の円と半径 2 の円の周および 2 つの円の間にある部分であり，**上の図の斜線部分（境界線を含む）**である。

(3) 求める範囲は，点 1 からの距離よりも点 3 からの距離の方が大きい点の集合である。

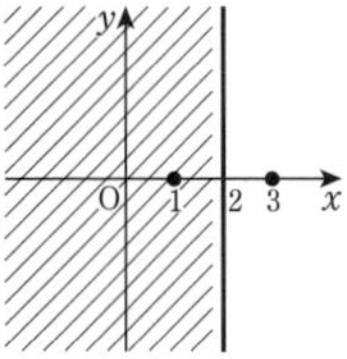

よって，直線 $x=2$ よりも左側にある部分であり，**右の図の斜線部分（境界線を含まない）**である。

174 $w=\dfrac{iz}{z-1}$ より $(z-1)w=iz$

整理すると $(w-i)z=w$ ……①

ここで，$w=i$ は①を満たさないので $w-i\neq 0$ である。

ゆえに $z=\dfrac{w}{w-i}$

$|z|=3$ より $\left|\dfrac{w}{w-i}\right|=3$

すなわち $|w|=3|w-i|$

両辺を 2 乗して

$|w|^2=9|w-i|^2$

$w\overline{w}=9(w-i)(\overline{w-i})$

$w\overline{w}=9(w-i)(\overline{w}+i)$

展開して

$8w\overline{w}+9iw-9i\overline{w}+9=0$

$w\overline{w}+\dfrac{9}{8}iw-\dfrac{9}{8}i\overline{w}+\dfrac{9}{8}=0$

左辺を変形して

$\left(w-\dfrac{9}{8}i\right)\left(\overline{w}+\dfrac{9}{8}i\right)-\dfrac{9}{64}=0$

$\left(w-\dfrac{9}{8}i\right)\left(\overline{w-\dfrac{9}{8}i}\right)=\dfrac{9}{64}$

よって $\left|w-\dfrac{9}{8}i\right|^2=\dfrac{9}{64}$

すなわち $\left|w-\dfrac{9}{8}i\right|=\dfrac{3}{8}$

したがって，点 w は**点 $\dfrac{9}{8}i$ を中心とする半径 $\dfrac{3}{8}$ の円**を描く。

175 (1) $\alpha=2+3i$, $\beta=-1+5i$ とおくと

$\dfrac{\beta}{\alpha}=\dfrac{-1+5i}{2+3i}=\dfrac{(-1+5i)(2-3i)}{(2+3i)(2-3i)}=\dfrac{13+13i}{13}$

$=1+i=\sqrt{2}\left(\cos\dfrac{\pi}{4}+i\sin\dfrac{\pi}{4}\right)$

よって $\angle\mathrm{AOB}=\arg\dfrac{\beta}{\alpha}=\boldsymbol{\dfrac{\pi}{4}}$

(2) $\alpha=3\sqrt{3}+i$, $\beta=-\sqrt{3}+2i$ とおくと

$\dfrac{\beta}{\alpha}=\dfrac{-\sqrt{3}+2i}{3\sqrt{3}+i}$

$=\dfrac{(-\sqrt{3}+2i)(3\sqrt{3}-i)}{(3\sqrt{3}+i)(3\sqrt{3}-i)}=\dfrac{-7+7\sqrt{3}i}{28}$

$=\dfrac{-1+\sqrt{3}i}{4}=\dfrac{1}{2}\left(\cos\dfrac{2}{3}\pi+i\sin\dfrac{2}{3}\pi\right)$

よって $\angle\mathrm{AOB}=\arg\dfrac{\beta}{\alpha}=\boldsymbol{\dfrac{2}{3}\pi}$

176 (1) $\alpha=1+2i$, $\beta=4+i$, $\gamma=3+8i$ とおくと

$\dfrac{\gamma-\alpha}{\beta-\alpha}=\dfrac{(3+8i)-(1+2i)}{(4+i)-(1+2i)}$

$=\dfrac{2+6i}{3-i}=\dfrac{(2+6i)(3+i)}{(3-i)(3+i)}$

$=\dfrac{20i}{10}=2i=2\left(\cos\dfrac{\pi}{2}+i\sin\dfrac{\pi}{2}\right)$

よって $\angle\mathrm{BAC}=\arg\dfrac{\gamma-\alpha}{\beta-\alpha}=\boldsymbol{\dfrac{\pi}{2}}$

(2) $\alpha=\sqrt{3}+i$, $\beta=2\sqrt{3}+i$, $\gamma=-2\sqrt{3}+4i$ とおくと

$\dfrac{\gamma-\alpha}{\beta-\alpha}=\dfrac{(-2\sqrt{3}+4i)-(\sqrt{3}+i)}{(2\sqrt{3}+i)-(\sqrt{3}+i)}$

$=\dfrac{-3\sqrt{3}+3i}{\sqrt{3}}=-3+\sqrt{3}i$

$=2\sqrt{3}\left(\cos\dfrac{5}{6}\pi+i\sin\dfrac{5}{6}\pi\right)$

よって　$\angle\mathrm{BAC}=\arg\dfrac{\gamma-\alpha}{\beta-\alpha}=\boldsymbol{\dfrac{5}{6}\pi}$

177　$\alpha=3-2i,\ \beta=7-5i,\ \gamma=k+4i$ とおくと

$$\frac{\gamma-\alpha}{\beta-\alpha}=\frac{(k+4i)-(3-2i)}{(7-5i)-(3-2i)}=\frac{(k-3)+6i}{4-3i}$$
$$=\frac{\{(k-3)+6i\}(4+3i)}{(4-3i)(4+3i)}$$
$$=\frac{4k-30}{25}+\frac{3k+15}{25}i$$

(1)　3 点 A，B，C が一直線上にあるのは，$\dfrac{\gamma-\alpha}{\beta-\alpha}$ が実数のときである。

よって　$\dfrac{3k+15}{25}=0$ より　$\boldsymbol{k=-5}$

(2)　AB⊥AC となるのは，$\dfrac{\gamma-\alpha}{\beta-\alpha}$ が純虚数のときである。

よって　$\dfrac{4k-30}{25}=0,\ \dfrac{3k+15}{25}\neq 0$ より　$\boldsymbol{k=\dfrac{15}{2}}$

178　(1)　$\dfrac{\gamma-\alpha}{\beta-\alpha}=\dfrac{-1+i}{\sqrt{2}}=\cos\dfrac{3}{4}\pi+i\sin\dfrac{3}{4}\pi$

であるから

$\left|\dfrac{\gamma-\alpha}{\beta-\alpha}\right|=1$　より　$\dfrac{|\gamma-\alpha|}{|\beta-\alpha|}=\dfrac{\mathrm{AC}}{\mathrm{AB}}=1$

すなわち　　AC＝AB

また，$\arg\dfrac{\gamma-\alpha}{\beta-\alpha}=\dfrac{3}{4}\pi$　より　$\angle\mathrm{BAC}=\dfrac{3}{4}\pi$

よって，△ABC は

∠A＝135° の二等辺三角形である。

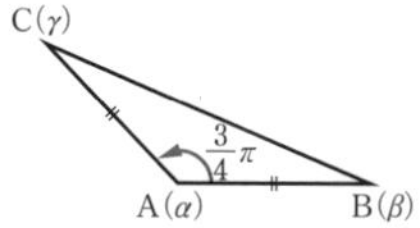

(2)　$\dfrac{\gamma-\alpha}{\beta-\alpha}=2i=2\left(\cos\dfrac{\pi}{2}+i\sin\dfrac{\pi}{2}\right)$ であるから

$\left|\dfrac{\gamma-\alpha}{\beta-\alpha}\right|=2$　より

$\dfrac{|\gamma-\alpha|}{|\beta-\alpha|}=\dfrac{\mathrm{AC}}{\mathrm{AB}}=2$

すなわち　　AB：AC＝1：2

また，$\arg\dfrac{\gamma-\alpha}{\beta-\alpha}=\dfrac{\pi}{2}$　より

$\angle\mathrm{BAC}=\dfrac{\pi}{2}$

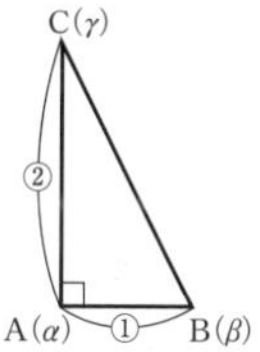

よって，△ABC は

AB：AC＝1：2，∠A＝90° の直角三角形である。

(3)　$\dfrac{\gamma-\alpha}{\beta-\alpha}=\dfrac{3+\sqrt{3}i}{4}=\dfrac{\sqrt{3}}{2}\left(\cos\dfrac{\pi}{6}+i\sin\dfrac{\pi}{6}\right)$

であるから

$\left|\dfrac{\gamma-\alpha}{\beta-\alpha}\right|=\dfrac{\sqrt{3}}{2}$　より

$\dfrac{|\gamma-\alpha|}{|\beta-\alpha|}=\dfrac{\mathrm{AC}}{\mathrm{AB}}=\dfrac{\sqrt{3}}{2}$

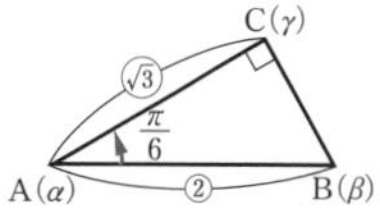

すなわち　　AB：AC＝2：$\sqrt{3}$

また，$\arg\dfrac{\gamma-\alpha}{\beta-\alpha}=\dfrac{\pi}{6}$　より　$\angle\mathrm{BAC}=\dfrac{\pi}{6}$

よって，△ABC は

AB：AC＝2：$\sqrt{3}$，∠A＝30° の三角形で，

このとき ∠C＝90° となる。

すなわち，**∠A＝30°，∠C＝90° の直角三角形**である。

179　△ABC が∠C＝90° の直角二等辺三角形であるためには，

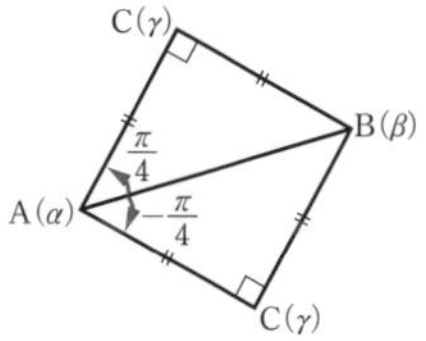

$\mathrm{AC}=\dfrac{1}{\sqrt{2}}\mathrm{AB}$　かつ

$\angle\mathrm{BAC}=\pm\dfrac{\pi}{4}$

であればよい。

ゆえに，A(α)，B(β) とすると，

$$\frac{\gamma-\alpha}{\beta-\alpha}=\frac{1}{\sqrt{2}}\left\{\cos\left(\pm\frac{\pi}{4}\right)+i\sin\left(\pm\frac{\pi}{4}\right)\right\}$$
$$=\frac{1}{\sqrt{2}}\left(\frac{1}{\sqrt{2}}\pm\frac{1}{\sqrt{2}}i\right)=\frac{1}{2}(1\pm i)$$

（複号同順）

となればよい。

$\alpha=2+i,\ \beta=6+3i$ より

$$\frac{\gamma-\alpha}{\beta-\alpha}=\frac{\gamma-(2+i)}{(6+3i)-(2+i)}=\frac{\gamma-(2+i)}{4+2i}$$

であるから

$$\frac{\gamma-(2+i)}{4+2i}=\frac{1}{2}(1\pm i)$$

よって　$\gamma=\dfrac{1}{2}(1\pm i)(4+2i)+(2+i)$

$\qquad=(2+i)(2\pm i)$

したがって　$\boldsymbol{\gamma=3+4i}$　**または 5**

180　点 z を $-z_0$ だけ平行移動した点は

$z-z_0=(5+4i)-(1+2i)=4+2i$

点 $z-z_0$ を原点のまわりに $\dfrac{\pi}{3}$ だけ回転した点は

$\left(\cos\frac{\pi}{3}+i\sin\frac{\pi}{3}\right)(z-z_0)=\left(\frac{1}{2}+\frac{\sqrt{3}}{2}i\right)(4+2i)$

$=(1+\sqrt{3}\,i)(2+i)=(2-\sqrt{3})+(1+2\sqrt{3})i$

この点を z_0 だけ平行移動した点が z' である。

よって　$z'=\{(2-\sqrt{3})+(1+2\sqrt{3})i\}+(1+2i)$

$=\boldsymbol{(3-\sqrt{3})+(3+2\sqrt{3})i}$

181　(1)　$\alpha\neq0$ であるから，$\alpha^2-\alpha\beta+\beta^2=0$ の両辺を α^2 で割って整理すると

$\left(\frac{\beta}{\alpha}\right)^2-\frac{\beta}{\alpha}+1=0$

よって　$\frac{\beta}{\alpha}=\boldsymbol{\frac{1\pm\sqrt{3}\,i}{2}}$

(2)　(1)より

$\frac{\beta}{\alpha}=\cos\left(\pm\frac{\pi}{3}\right)+i\sin\left(\pm\frac{\pi}{3}\right)$　（複号同順）

ゆえに，$\left|\frac{\beta}{\alpha}\right|=1$ より　$\frac{|\beta|}{|\alpha|}=\frac{\mathrm{OB}}{\mathrm{OA}}=1$

すなわち　OA＝OB

$\arg\frac{\beta}{\alpha}=\pm\frac{\pi}{3}$ より　$\angle\mathrm{AOB}=\pm\frac{\pi}{3}$

よって，△OAB は，OA＝OB，∠O＝60°の二等辺三角形，すなわち**正三角形**である。

182　$\alpha\neq0$ であるから，$\alpha\overline{\beta}+\overline{\alpha}\beta=0$ の両辺を $\alpha\overline{\alpha}$ で割ると

$\frac{\overline{\beta}}{\overline{\alpha}}+\frac{\beta}{\alpha}=0$　より　$\frac{\beta}{\alpha}=-\overline{\left(\frac{\beta}{\alpha}\right)}$ ……①

ゆえに，$\frac{\beta}{\alpha}\neq0$ と①より，$\frac{\beta}{\alpha}$ は純虚数である。

よって　OA⊥OB

183　四角形ABCD が円に内接するとき，∠ACB＝∠ADB が成り立つから

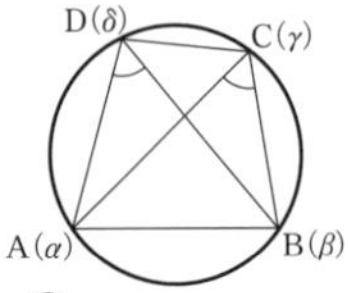

$\arg\frac{\beta-\gamma}{\alpha-\gamma}=\arg\frac{\beta-\delta}{\alpha-\delta}$ ……①

ゆえに，①の値を θ $(0\leqq\theta<2\pi)$ とすると，$r_1>0$，$r_2>0$ として，

$\frac{\beta-\gamma}{\alpha-\gamma}=r_1(\cos\theta+i\sin\theta)$

$\frac{\beta-\delta}{\alpha-\delta}=r_2(\cos\theta+i\sin\theta)$

と表せる。

よって，$\frac{\beta-\gamma}{\alpha-\gamma}\div\frac{\beta-\delta}{\alpha-\delta}=\frac{r_1}{r_2}$ であるから

$\frac{\beta-\gamma}{\alpha-\gamma}\div\frac{\beta-\delta}{\alpha-\delta}$ は実数である。

184　$\arg\alpha$

$=\arg(1+\sqrt{3}\,i)$

$=\frac{\pi}{3}$

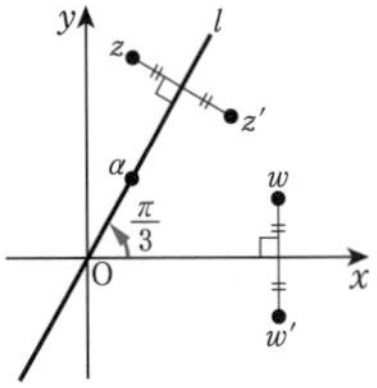

点 z および点 z' を，原点のまわりに $-\frac{\pi}{3}$ だけ回転した点をそれぞれ w，w' とすると，2点 w，w' は実軸に関して対称であるから

$w'=\overline{w}$

よって，求める点 z' は，点 $\overline{w}$ を原点のまわりに $\frac{\pi}{3}$ だけ回転した点である。

$w=\left\{\cos\left(-\frac{\pi}{3}\right)+i\sin\left(-\frac{\pi}{3}\right)\right\}z=\left(\frac{1}{2}-\frac{\sqrt{3}}{2}i\right)z$

より

$\overline{w}=\overline{\left(\frac{1}{2}-\frac{\sqrt{3}}{2}i\right)z}=\left(\frac{1}{2}+\frac{\sqrt{3}}{2}i\right)\overline{z}$

したがって

$z'=\left(\cos\frac{\pi}{3}+i\sin\frac{\pi}{3}\right)\overline{w}$

$=\left(\frac{1}{2}+\frac{\sqrt{3}}{2}i\right)\left(\frac{1}{2}+\frac{\sqrt{3}}{2}i\right)\overline{z}$

$=\frac{-2+2\sqrt{3}\,i}{4}\overline{z}$

$=\boldsymbol{\frac{-1+\sqrt{3}\,i}{2}\overline{z}}$

185　(1)　$y^2=4\times3\times x$　すなわち　$\boldsymbol{y^2=12x}$

(2)　$y^2=4\times\left(-\frac{1}{4}\right)\times x$　すなわち　$\boldsymbol{y^2=-x}$

186　(1)　$y^2=4\times\frac{1}{2}\times x$ であるから

焦点　$\mathbf{F}\left(\boldsymbol{\frac{1}{2}},\ \boldsymbol{0}\right)$，準線　$\boldsymbol{x=-\frac{1}{2}}$

(2)　$y^2=4\times(-1)\times x$ であるから

焦点　$\mathbf{F}(\boldsymbol{-1},\ \boldsymbol{0})$，準線　$\boldsymbol{x=1}$

(3)　$y^2=4\times\frac{1}{16}\times x$ であるから

焦点　$\mathbf{F}\left(\boldsymbol{\frac{1}{16}},\ \boldsymbol{0}\right)$，準線　$\boldsymbol{x=-\frac{1}{16}}$

(4) $y^2=4\times\left(-\frac{1}{8}\right)\times x$ であるから

焦点 $\mathbf{F\left(-\frac{1}{8},\ 0\right)}$，準線 $\boldsymbol{x=\frac{1}{8}}$

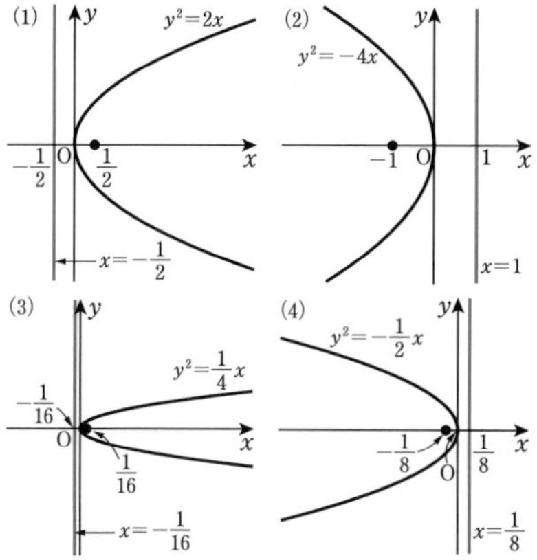

187 (1) $x^2=4\times3\times y$ すなわち $\boldsymbol{x^2=12y}$

(2) $x^2=4\times\left(-\frac{1}{8}\right)\times y$ すなわち $\boldsymbol{x^2=-\frac{1}{2}y}$

188 (1) $x^2=4\times\frac{1}{4}\times y$ であるから

焦点 $\mathbf{F\left(0,\ \frac{1}{4}\right)}$，準線 $\boldsymbol{y=-\frac{1}{4}}$

(2) $x^2=4\times\left(-\frac{1}{2}\right)\times y$ であるから

焦点 $\mathbf{F\left(0,\ -\frac{1}{2}\right)}$，準線 $\boldsymbol{y=\frac{1}{2}}$

(3) $x^2=4\times\frac{1}{8}\times y$ であるから

焦点 $\mathbf{F\left(0,\ \frac{1}{8}\right)}$，準線 $\boldsymbol{y=-\frac{1}{8}}$

(4) $x^2=4\times\left(-\frac{1}{16}\right)\times y$ であるから

焦点 $\mathbf{F\left(0,\ -\frac{1}{16}\right)}$，準線 $\boldsymbol{y=\frac{1}{16}}$

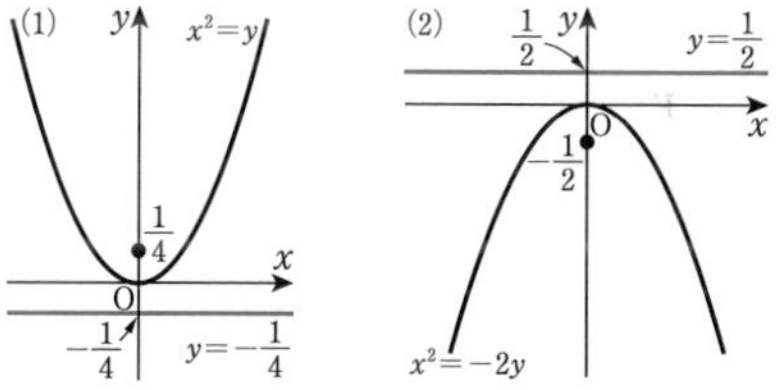

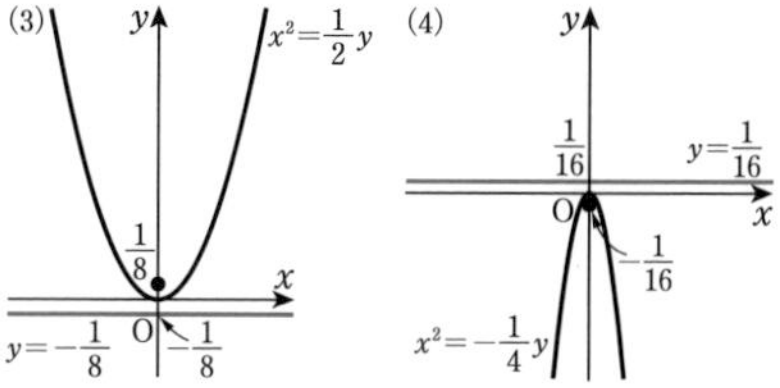

189 (1) $y^2=4\times2\times x$ すなわち $\boldsymbol{y^2=8x}$

(2) $x^2=4\times(-3)\times y$ すなわち $\boldsymbol{x^2=-12y}$

190 (1) 求める放物線の方程式を $y^2=ax$ とおくと，点 $(-4,\ 2\sqrt{2})$ を通るから

$(2\sqrt{2})^2=a\times(-4)$

$8=-4a$

より $a=-2$

よって，求める放物線の方程式は $\boldsymbol{y^2=-2x}$

(2) 求める放物線の方程式を $x^2=ay$ とおくと，点 $(\sqrt{6},\ \sqrt{3})$ を通るから

$(\sqrt{6})^2=a\times\sqrt{3}$

$6=\sqrt{3}\,a$

より $a=2\sqrt{3}$

よって，求める放物線の方程式は $\boldsymbol{x^2=2\sqrt{3}\,y}$

191 点Cは，直線 $x=-4$ と点Aから等距離にあるので，その軌跡は焦点が点 $\mathrm{A}(4,\ 0)$，準線が直線 $x=-4$ の放物線である。

すなわち $y^2=4\times4\times x$

よって **放物線** $\boldsymbol{y^2=16x}$

別解 点Cから直線 $x=-4$ におろした垂線をCHとすると，$\mathrm{CH}=\mathrm{CA}$ であるから

$|x+4|=\sqrt{(x-4)^2+y^2}$

両辺を2乗すると $(x+4)^2=(x-4)^2+y^2$

展開して整理すると $y^2=16x$ ……①

よって，点Cは放物線①上にある。

逆に，放物線①上の任意の点は与えられた条件を満たす。

したがって，点Cの軌跡は **放物線** $\boldsymbol{y^2=16x}$

192 点Cは，直線 $y=-1$ と点Aから等距離にあるので，その軌跡は焦点が点 $\mathrm{A}(0,\ 1)$，準線が直線 $y=-1$ の放物線である。

すなわち $x^2=4\times1\times y$

よって **放物線** $\boldsymbol{x^2=4y}$

別解　点Cから直線 $y=-1$ におろした垂線をCHとすると，CH=CA であるから

$|y+1|=\sqrt{x^2+(y-1)^2}$

両辺を2乗すると　$(y+1)^2=x^2+(y-1)^2$

展開して整理すると　$x^2=4y$　……①

よって，点Cは放物線①上にある。

したがって，点Cの軌跡は　**放物線 $x^2=4y$**

193　円 $(x-2)^2+y^2=1$ の中心をA(2, 0)，Pから直線 $x=-1$ へおろした垂線の足をHとする。このとき

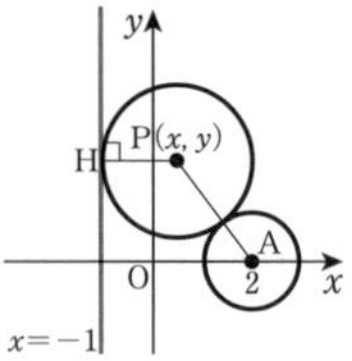

PA=PH+1

であるから

$\sqrt{(x-2)^2+y^2}=x-(-1)+1$

ゆえに　$\sqrt{(x-2)^2+y^2}=x+2$

両辺を2乗すると

$(x-2)^2+y^2=(x+2)^2$

展開して整理すると　$y^2=8x$　……①

よって，点Pは放物線①上にある。

したがって，求める点Pの軌跡は

放物線　$y^2=8x$

194　(1)　焦点は　**$\mathrm{F}(\sqrt{5},\ 0)$，$\mathrm{F'}(-\sqrt{5},\ 0)$**

頂点の座標は

(3, 0)，(−3, 0)

(0, 2)，(0, −2)

その概形は右の図のようになる。

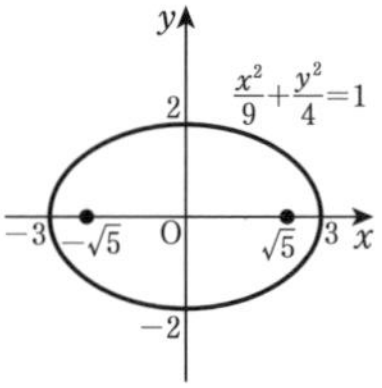

また，長軸の長さは **6**，短軸の長さは **4** である。

(2)　焦点は　**$\mathrm{F}(\sqrt{7},\ 0)$，$\mathrm{F'}(-\sqrt{7},\ 0)$**

頂点の座標は

(4, 0)，(−4, 0)

(0, 3)，(0, −3)

その概形は右の図のようになる。

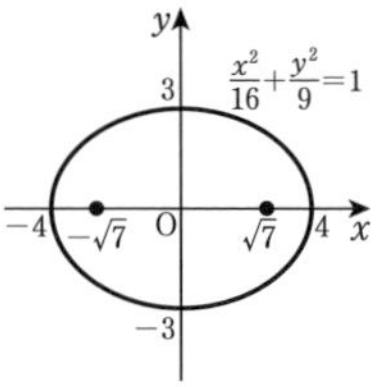

また，長軸の長さは **8**，短軸の長さは **6** である。

(3)　$\dfrac{x^2}{9}+y^2=1$ より

焦点は　**$\mathrm{F}(2\sqrt{2},\ 0)$，$\mathrm{F'}(-2\sqrt{2},\ 0)$**

頂点の座標は

(3, 0)，(−3, 0)

(0, 1)，(0, −1)

その概形は右の図のようになる。

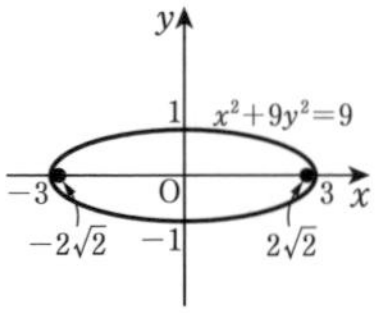

また，長軸の長さは **6**，短軸の長さは **2** である。

(4)　$\dfrac{x^2}{4}+\dfrac{y^2}{3}=1$ より

焦点は　**F(1, 0)，F′(−1, 0)**

頂点の座標は

(2, 0)，(−2, 0)

$(0,\ \sqrt{3})$，$(0,\ -\sqrt{3})$

その概形は右の図のようになる。

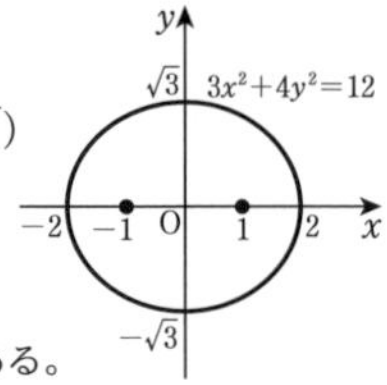

また，長軸の長さは **4**，短軸の長さは **$2\sqrt{3}$** である。

195　求める楕円の方程式を $\dfrac{x^2}{a^2}+\dfrac{y^2}{b^2}=1$ $(a>b>0)$ とする。

(1)　焦点からの距離の和が10であるから

$2a=10$　より　$a=5$

また，この楕円の焦点は

F(3, 0)，F′(−3, 0) であるから

$3=\sqrt{a^2-b^2}$

よって　$b^2=a^2-3^2=5^2-3^2=16$

したがって，求める方程式は $\boldsymbol{\dfrac{x^2}{25}+\dfrac{y^2}{16}=1}$

(2)　焦点からの距離の和が8であるから

$2a=8$　より　$a=4$

また，この楕円の焦点は

$\mathrm{F}(2\sqrt{3},\ 0)$，$\mathrm{F'}(-2\sqrt{3},\ 0)$ であるから

$2\sqrt{3}=\sqrt{a^2-b^2}$

よって　$b^2=a^2-(2\sqrt{3})^2=4^2-(2\sqrt{3})^2=4$

したがって，求める方程式は $\boldsymbol{\dfrac{x^2}{16}+\dfrac{y^2}{4}=1}$

196　(1)　焦点は　**$\mathrm{F}(0,\ 2\sqrt{3})$，$\mathrm{F'}(0,\ -2\sqrt{3})$**

頂点の座標は

(2, 0)，(−2, 0)

(0, 4)，(0, −4)

その概形は右の図のようになる。

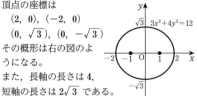

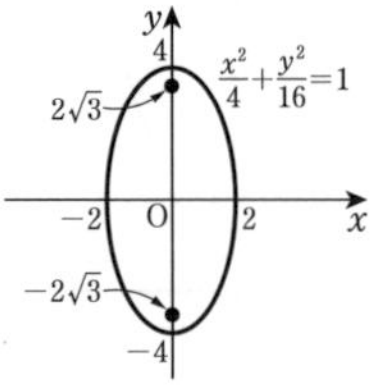

また，長軸の長さは **8**，短軸の長さは **4** である。

(2) 焦点は $\mathbf{F(0,\ \sqrt{7})}$, $\mathbf{F'(0,\ -\sqrt{7})}$

頂点の座標は

$\mathbf{(3,\ 0)}$, $\mathbf{(-3,\ 0)}$

$\mathbf{(0,\ 4)}$, $\mathbf{(0,\ -4)}$

その概形は右の図のようになる。

また，長軸の長さは **8**，短軸の長さは **6** である。

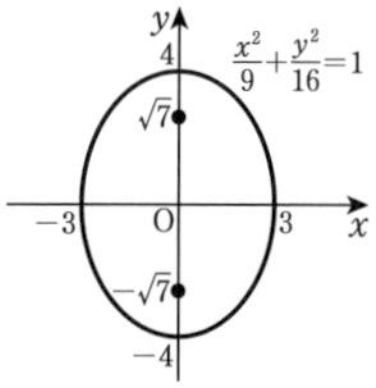

(3) $x^2+\frac{y^2}{4}=1$ より

焦点は $\mathbf{F(0,\ \sqrt{3})}$, $\mathbf{F'(0,\ -\sqrt{3})}$

頂点の座標は

$\mathbf{(1,\ 0)}$, $\mathbf{(-1,\ 0)}$

$\mathbf{(0,\ 2)}$, $\mathbf{(0,\ -2)}$

その概形は右の図のようになる。

また，長軸の長さは **4**，短軸の長さは **2** である。

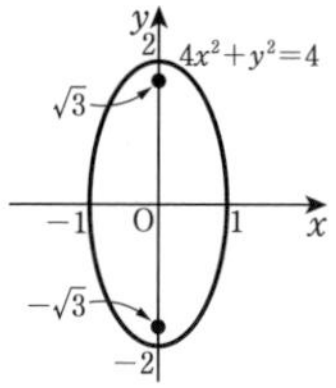

(4) $\frac{x^2}{4}+\frac{y^2}{25}=1$ より

焦点は $\mathbf{F(0,\ \sqrt{21})}$, $\mathbf{F'(0,\ -\sqrt{21})}$

頂点の座標は

$\mathbf{(2,\ 0)}$, $\mathbf{(-2,\ 0)}$

$\mathbf{(0,\ 5)}$, $\mathbf{(0,\ -5)}$

その概形は右の図のようになる。

また，長軸の長さは **10**，短軸の長さは **4** である。

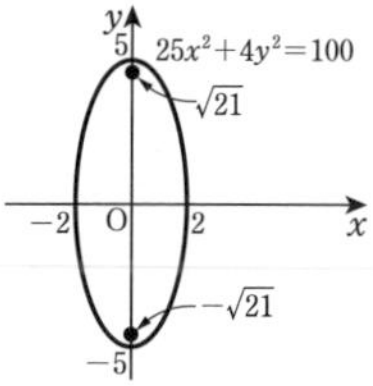

197 (1) 円周上の点 Q$(s,\ t)$ の y 座標を $\frac{1}{3}$ 倍して得られる点を P$(x,\ y)$ とすると

$x=s,\ y=\frac{1}{3}t$

すなわち　$s=x,\ t=3y$

ここで，点 Q は円周上の点であるから

$s^2+t^2=9$

よって　$x^2+(3y)^2=9$

すなわち　$x^2+9y^2=9$

したがって，求める曲線は **楕円** $\boldsymbol{\frac{x^2}{9}+y^2=1}$

(2) 円周上の点 Q$(s,\ t)$ の x 座標を $\frac{1}{2}$ 倍して得られる点を P$(x,\ y)$ とすると

$x=\frac{1}{2}s,\ y=t$

すなわち　$s=2x,\ t=y$

ここで，点 Q は円周上の点であるから

$s^2+t^2=4$

よって　$(2x)^2+y^2=4$

すなわち　$4x^2+y^2=4$

したがって，求める曲線は **楕円** $\boldsymbol{x^2+\frac{y^2}{4}=1}$

198 円周上の点 Q$(s,\ t)$ の y 座標を $\frac{5}{3}$ 倍して得られる点を P$(x,\ y)$ とすると

$x=s,\ y=\frac{5}{3}t$

すなわち　$s=x,\ t=\frac{3}{5}y$

ここで，点 Q は円周上の点であるから

$s^2+t^2=9$

よって　$x^2+\left(\frac{3}{5}y\right)^2=9$

すなわち　$x^2+\frac{9}{25}y^2=9$

したがって，求める曲線は **楕円** $\boldsymbol{\frac{x^2}{9}+\frac{y^2}{25}=1}$

199 求める楕円の方程式を $\frac{x^2}{a^2}+\frac{y^2}{b^2}=1$ とおく。

(1) 焦点が x 軸上の 2 点 $(3,\ 0)$, $(-3,\ 0)$ であるから

$a^2-b^2=3^2=9$

短軸の長さが 4 であるから

$2b=4$　より　$b=2$

よって　$a^2=9+2^2=13$

したがって，求める楕円の方程式は

$\boldsymbol{\frac{x^2}{13}+\frac{y^2}{4}=1}$

(2) 焦点が y 軸上の 2 点 $(0,\ 2)$, $(0,\ -2)$ であるから

$b^2-a^2=2^2=4$

長軸の長さが 6 であるから

$2b=6$　より　$b=3$

よって　$a^2=3^2-4=5$

したがって，求める楕円の方程式は

$\boldsymbol{\frac{x^2}{5}+\frac{y^2}{9}=1}$

(3) 焦点が y 軸上の 2 点 $(0,\ 3)$, $(0,\ -3)$ であるから

$b^2-a^2=3^2=9$

焦点からの距離の和が 8 であるから

$2b=8$　より　$b=4$

よって　$a^2=4^2-9=7$

したがって，求める楕円の方程式は

$$\frac{x^2}{7}+\frac{y^2}{16}=1$$

200　求める楕円の方程式を　$\frac{x^2}{a^2}+\frac{y^2}{b^2}=1$　とおく。

(1)　2 焦点が $(4,\ 0)$，$(-4,\ 0)$ であるから，

$a^2-b^2=16$　……①

点 $(3,\ \sqrt{15})$ を通るから　$\frac{9}{a^2}+\frac{15}{b^2}=1$

$9b^2+15a^2=a^2b^2$　……②

①より　$b^2=a^2-16$　であるから，これを②に代入して

$9(a^2-16)+15a^2=a^2(a^2-16)$

$a^4-40a^2+144=0$

$(a^2-36)(a^2-4)=0$

$a^2=36,\ 4$

$b^2=a^2-16>0$　であるから　$a^2>16$

よって，$a^2=36$，$b^2=36-16=20$

したがって，求める楕円の方程式は

$$\frac{x^2}{36}+\frac{y^2}{20}=1$$

別解　2 焦点を $\mathrm{F}(4,\ 0)$，$\mathrm{F}'(-4,\ 0)$，曲線上の点 $\mathrm{P}(3,\ \sqrt{15})$ において，

$\mathrm{PF}=\sqrt{(4-3)^2+(0-\sqrt{15})^2}=4$

$\mathrm{PF}'=\sqrt{(-4-3)^2+(0-\sqrt{15})^2}=8$

$\mathrm{PF}+\mathrm{PF}'=2a$　より　$2a=4+8$　　$a=6$

$\sqrt{a^2-b^2}=4$　であるから，$6^2-b^2=16$　　$b^2=20$

よって，求める楕円の方程式は　$\frac{x^2}{36}+\frac{y^2}{20}=1$

(2)　2 焦点が $(0,\ \sqrt{3})$，$(0,\ -\sqrt{3})$ であるから，

$b^2-a^2=3$　……①

点 $(1,\ 2)$ を通るから　$\frac{1}{a^2}+\frac{4}{b^2}=1$

$b^2+4a^2=a^2b^2$　……②

①より　$b^2=a^2+3$　であるから，これを②に代入して

$a^2+3+4a^2=a^2(a^2+3)$

$a^4-2a^2-3=0$

$(a^2-3)(a^2+1)=0$

$a^2>0$　であるから　$a^2=3$

よって，$b^2=3+3=6$

したがって，求める楕円の方程式は

$$\frac{x^2}{3}+\frac{y^2}{6}=1$$

201　点 A は x 軸上，点 B は y 軸上の点であるから，それぞれ，$\mathrm{A}(s,\ 0)$，$\mathrm{B}(0,\ t)$ とおける。

(1)　AB=4 であるから

$s^2+t^2=4^2$　……①

線分 AB を 1：3 に内分する点 P の座標を $(x,\ y)$ とすると

$x=\frac{3}{4}s$，$y=\frac{1}{4}t$

より　$s=\frac{4}{3}x$，$t=4y$　……②

②を①に代入すると

$\left(\frac{4}{3}x\right)^2+(4y)^2=4^2$

よって　$\frac{x^2}{9}+y^2=1$

したがって，点 P の軌跡は **楕円 $\frac{x^2}{9}+y^2=1$** である。

(2)　AB=7 であるから

$s^2+t^2=7^2$　……①

線分 AB を 4：3 に内分する点 P の座標を $(x,\ y)$ とすると

$x=\frac{3}{7}s$，$y=\frac{4}{7}t$

より　$s=\frac{7}{3}x$，$t=\frac{7}{4}y$　……②

②を①に代入すると

$\left(\frac{7}{3}x\right)^2+\left(\frac{7}{4}y\right)^2=7^2$

よって　$\frac{x^2}{9}+\frac{y^2}{16}=1$

したがって，点 P の軌跡は **楕円 $\frac{x^2}{9}+\frac{y^2}{16}=1$** である。

(3)　AB=3 であるから

$s^2+t^2=3^2$　……①

線分 AB を 2：1 に外分する点 P の座標を $(x,\ y)$ とすると

$x=-s$，$y=2t$

より　$s=-x$，$t=\frac{y}{2}$　……②

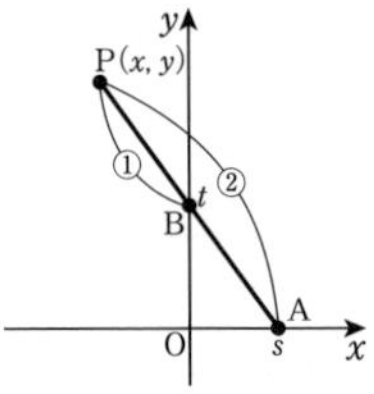

②を①に代入すると

$(-x)^2+\left(\frac{y}{2}\right)^2=3^2$

よって　$\dfrac{x^2}{9}+\dfrac{y^2}{36}=1$

したがって，点 P の軌跡は **楕円** $\boldsymbol{\dfrac{x^2}{9}+\dfrac{y^2}{36}=1}$

である。

202　(1)　$\sqrt{8+4}=\sqrt{12}=2\sqrt{3}$　より

焦点は　$\mathbf{F(2\sqrt{3},\ 0)}$，$\mathbf{F'(-2\sqrt{3},\ 0)}$

頂点の座標は　$\mathbf{(2\sqrt{2},\ 0)}$，$\mathbf{(-2\sqrt{2},\ 0)}$

(2)　$\sqrt{9+16}=\sqrt{25}=5$　より

焦点は　$\mathbf{F(5,\ 0)}$，$\mathbf{F'(-5,\ 0)}$

頂点の座標は　$\mathbf{(3,\ 0)}$，$\mathbf{(-3,\ 0)}$

(3)　$\dfrac{x^2}{4}-\dfrac{y^2}{4}=1$

$\sqrt{4+4}=\sqrt{8}=2\sqrt{2}$　より

焦点は　$\mathbf{F(2\sqrt{2},\ 0)}$，$\mathbf{F'(-2\sqrt{2},\ 0)}$

頂点の座標は　$\mathbf{(2,\ 0)}$，$\mathbf{(-2,\ 0)}$

(4)　$\dfrac{x^2}{5}-\dfrac{y^2}{4}=1$

$\sqrt{5+4}=\sqrt{9}=3$　より

焦点は　$\mathbf{F(3,\ 0)}$，$\mathbf{F'(-3,\ 0)}$

頂点の座標は　$\mathbf{(\sqrt{5},\ 0)}$，$\mathbf{(-\sqrt{5},\ 0)}$

203　(1)　頂点の座標は

$\mathbf{(4,\ 0)}$，$\mathbf{(-4,\ 0)}$

漸近線の方程式は

$\boldsymbol{y=\dfrac{3}{4}x,\ y=-\dfrac{3}{4}x}$

また，双曲線の概形は，

右の図のようになる。

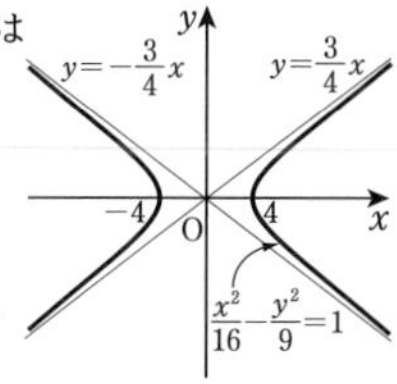

(2)　頂点の座標は

$\mathbf{(1,\ 0)}$，$\mathbf{(-1,\ 0)}$

漸近線の方程式は

$\boldsymbol{y=2x,\ y=-2x}$

また，双曲線の概形は，

右の図のようになる。

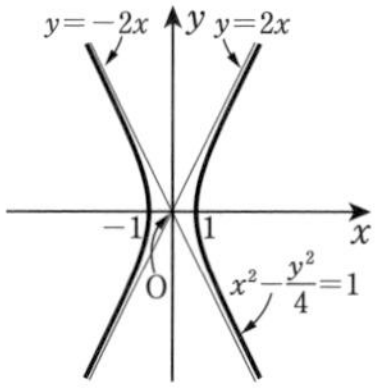

(3)　$\dfrac{x^2}{9}-\dfrac{y^2}{9}=1$　より

頂点の座標は

$\mathbf{(3,\ 0)}$，$\mathbf{(-3,\ 0)}$

漸近線の方程式は

$\boldsymbol{y=x,\ y=-x}$

また，双曲線の概形は，

右の図のようになる。

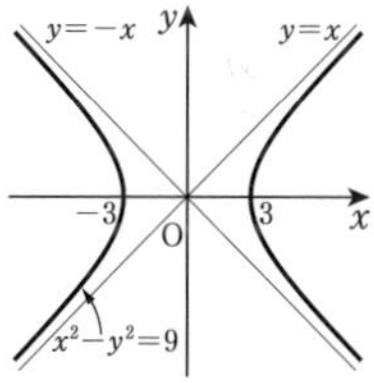

(4)　$\dfrac{x^2}{9}-y^2=1$　より　頂点の座標は

$\mathbf{(3,\ 0)}$，$\mathbf{(-3,\ 0)}$

漸近線の方程式は

$\boldsymbol{y=\dfrac{1}{3}x,\ y=-\dfrac{1}{3}x}$

また，双曲線の概形は，

右の図のようになる。

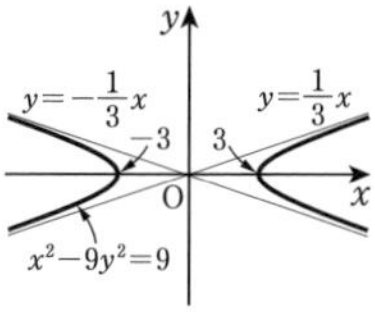

204　(1)　頂点の座標は

$\mathbf{(0,\ 4)}$，$\mathbf{(0,\ -4)}$

漸近線の方程式は

$\boldsymbol{y=\dfrac{4}{5}x,\ y=-\dfrac{4}{5}x}$

また，双曲線の概形は，

右の図のようになる。

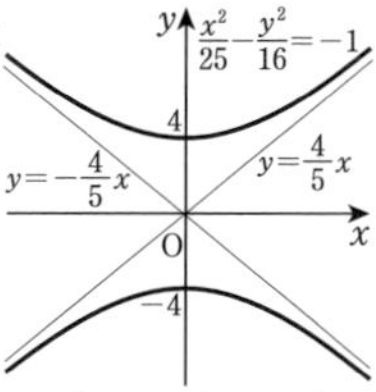

(2)　頂点の座標は

$\mathbf{(0,\ 4)}$，$\mathbf{(0,\ -4)}$

漸近線の方程式は

$\boldsymbol{y=\dfrac{4}{3}x,\ y=-\dfrac{4}{3}x}$

また，双曲線の概形は，

右の図のようになる。

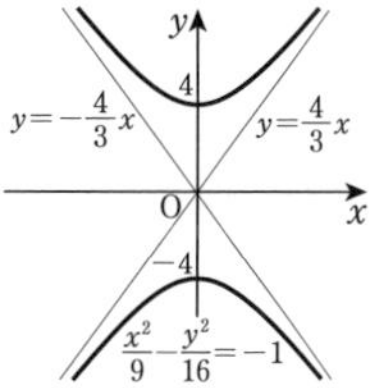

(3)　$\dfrac{x^2}{4}-\dfrac{y^2}{4}=-1$　より

頂点の座標は

$\mathbf{(0,\ 2)}$，$\mathbf{(0,\ -2)}$

漸近線の方程式は

$\boldsymbol{y=x,\ y=-x}$

また，双曲線の概形は，

右の図のようになる。

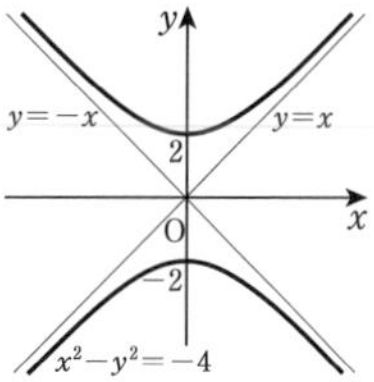

(4)　$x^2-\dfrac{y^2}{4}=-1$　より

頂点の座標は

$\mathbf{(0,\ 2)}$，$\mathbf{(0,\ -2)}$

漸近線の方程式は

$\boldsymbol{y=2x,\ y=-2x}$

また，双曲線の概形は，

右の図のようになる。

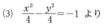

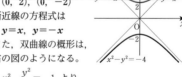

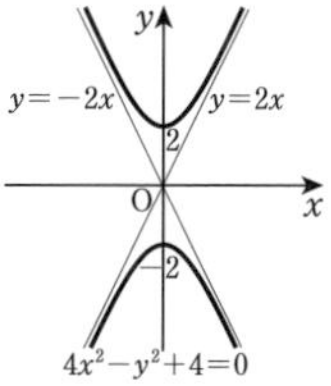

205　焦点が x 軸上にあるから，求める双曲線の方程式を $\dfrac{x^2}{a^2}-\dfrac{y^2}{b^2}=1$ $(a>0,\ b>0)$ とおく。

(1)　2 点 $(2,\ 0)$，$(-2,\ 0)$ が頂点であるから

$a=2$

2 点 $(\sqrt{5},\ 0)$，$(-\sqrt{5},\ 0)$ が焦点であるから

$a^2+b^2=(\sqrt{5})^2=5$

よって　$2^2+b^2=5$ より

$b^2=1$

したがって　$\dfrac{\boldsymbol{x}^2}{\mathbf{4}}-\boldsymbol{y}^2=\mathbf{1}$

(2)　2点 $(4,\ 0)$，$(-4,\ 0)$ が焦点であるから

$a^2+b^2=4^2=16$　……①

漸近線の方程式が $y=x$，$y=-x$ であるから

$\dfrac{b}{a}=1$ より $b=a$ ……②

②を①に代入して　$a^2+a^2=16$　より　$a^2=8$

②より　$b^2=8$

よって　$\dfrac{\boldsymbol{x}^2}{\mathbf{8}}-\dfrac{\boldsymbol{y}^2}{\mathbf{8}}=\mathbf{1}$

206　焦点が y 軸上にあるから，求める双曲線の方程式を $\dfrac{x^2}{a^2}-\dfrac{y^2}{b^2}=-1$ $(a>0,\ b>0)$ とおく。

(1)　2点 $(0,\ 3)$，$(0,\ -3)$ が頂点であるから

$b=3$

2点 $(0,\ 5)$，$(0,\ -5)$ が焦点であるから

$a^2+b^2=5^2=25$

よって　$a^2+3^2=25$ より

$a^2=16$

したがって　$\dfrac{\boldsymbol{x}^2}{\mathbf{16}}-\dfrac{\boldsymbol{y}^2}{\mathbf{9}}=-\mathbf{1}$

(2)　2点 $(0,\ 2)$，$(0,\ -2)$ が焦点であるから

$a^2+b^2=2^2=4$　……①

漸近線の方程式が　$y=\sqrt{3}x$，$y=-\sqrt{3}x$

であるから　$\dfrac{b}{a}=\sqrt{3}$ より $b=\sqrt{3}a$ ……②

②を①に代入して

$a^2+(\sqrt{3}a)^2=4$ より $a^2=1$

よって　$b^2=4-1=3$

したがって　$\boldsymbol{x}^2-\dfrac{\boldsymbol{y}^2}{\mathbf{3}}=-\mathbf{1}$

207　焦点が x 軸上の2点 $(3,\ 0)$，$(-3,\ 0)$ であるから，求める双曲線の方程式を $\dfrac{x^2}{a^2}-\dfrac{y^2}{b^2}=1$ $(a>0,\ b>0)$ とおく。

$a^2+b^2=3^2=9$　……①

点 $(5,\ 4)$ を通るから

$\dfrac{5^2}{a^2}-\dfrac{4^2}{b^2}=1$

$25b^2-16a^2=a^2b^2$ ……②

①より　$b^2=9-a^2$

これを②に代入して

$25(9-a^2)-16a^2=a^2(9-a^2)$

$a^4-50a^2+225=0$

$(a^2-5)(a^2-45)=0$

$a^2=5,\ 45$

ここで，$a^2>0$，$b^2>0$ であるから，①より

$b^2=9-a^2>0$　　$a^2<9$

よって　$a^2=5$，$b^2=9-5=4$

したがって　$\dfrac{\boldsymbol{x}^2}{\mathbf{5}}-\dfrac{\boldsymbol{y}^2}{\mathbf{4}}=\mathbf{1}$

208　焦点が x 軸上にあるから，求める双曲線の方程式は

$\dfrac{x^2}{a^2}-\dfrac{y^2}{b^2}=1$　$(a>0,\ b>0)$

とおける。焦点からの距離の差が8であるから

$2a=8$ より $a=4$

2点 $(5,\ 0)$，$(-5,\ 0)$ が焦点であるから

$a^2+b^2=5^2=25$

よって　$4^2+b^2=25$　より　$b^2=9$

したがって，求める双曲線の方程式は

$\dfrac{\boldsymbol{x}^2}{\mathbf{16}}-\dfrac{\boldsymbol{y}^2}{\mathbf{9}}=\mathbf{1}$

209　与えられた条件より，頂点の1つは点 $(0,\ 3)$ であるから，求める双曲線の方程式は

$\dfrac{x^2}{a^2}-\dfrac{y^2}{b^2}=-1$ $(a>0,\ b>0)$

とおける。

点 $(0,\ 3)$ を通るから　$-\dfrac{9}{b^2}=-1$

$b>0$ より $b=3$ ……①

2直線 $y=3x$，$y=-3x$ を漸近線とするから

$\dfrac{b}{a}=3$

①より　$a=1$

よって，求める双曲線の方程式は

$\boldsymbol{x}^2-\dfrac{\boldsymbol{y}^2}{\mathbf{9}}=-\mathbf{1}$

210　(1)　楕円 $\dfrac{x^2}{8}+\dfrac{y^2}{4}=1$　……①

を x 軸方向に1，y 軸方向に -2 だけ平行移動して得られる楕円の方程式は

$\dfrac{(\boldsymbol{x}-\mathbf{1})^2}{\mathbf{8}}+\dfrac{(\boldsymbol{y}+\mathbf{2})^2}{\mathbf{4}}=\mathbf{1}$　……②

また，楕円①の焦点の座標は $(2,\ 0)$，$(-2,\ 0)$ であるから，楕円②の焦点の座標は

$(3,\ -2)$, $(-1,\ -2)$

(2) 楕円 $x^2+\dfrac{y^2}{2}=1$ ……①

を x 軸方向に 1，y 軸方向に -2 だけ平行移動して得られる楕円の方程式は

$(\boldsymbol{x}-1)^2+\dfrac{(\boldsymbol{y}+2)^2}{2}=1$ ……②

また，楕円①の焦点の座標は $(0,\ 1)$, $(0,\ -1)$ であるから，楕円②の焦点の座標は

$(1,\ -1)$, $(1,\ -3)$

(3) 放物線 $y^2=-8x$ ……①

を x 軸方向に 1，y 軸方向に -2 だけ平行移動して得られる放物線の方程式は

$(\boldsymbol{y}+2)^2=-8(\boldsymbol{x}-1)$ ……②

また，放物線①の焦点の座標は $(-2,\ 0)$ であるから，放物線②の焦点の座標は

$(-1,\ -2)$

(4) 放物線 $x^2=4y$ ……①

を x 軸方向に 1，y 軸方向に -2 だけ平行移動して得られる放物線の方程式は

$(\boldsymbol{x}-1)^2=4(\boldsymbol{y}+2)$ ……②

また，放物線①の焦点の座標は $(0,\ 1)$ であるから，放物線②の焦点の座標は

$(1,\ -1)$

211 (1) 双曲線 $x^2-\dfrac{y^2}{3}=1$ ……①

を x 軸方向に -2，y 軸方向に 1 だけ平行移動して得られる双曲線の方程式は

$(\boldsymbol{x}+2)^2-\dfrac{(\boldsymbol{y}-1)^2}{3}=1$ ……②

また，双曲線①の焦点の座標は $(2,\ 0)$, $(-2,\ 0)$ であるから，双曲線②の焦点の座標は

$(0,\ 1)$, $(-4,\ 1)$

双曲線①の漸近線の方程式は $y=\sqrt{3}\,x$, $y=-\sqrt{3}\,x$ であるから，双曲線②の漸近線の方程式は

$y-1=\sqrt{3}(x+2)$, $y-1=-\sqrt{3}(x+2)$

すなわち

$\boldsymbol{y}=\sqrt{3}\,\boldsymbol{x}+2\sqrt{3}+1$, $\boldsymbol{y}=-\sqrt{3}\,\boldsymbol{x}-2\sqrt{3}+1$

(2) 双曲線 $x^2-y^2=-2$ ……①

を x 軸方向に -2，y 軸方向に 1 だけ平行移動して得られる双曲線は

$(\boldsymbol{x}+2)^2-(\boldsymbol{y}-1)^2=-2$ ……②

また，双曲線①の焦点の座標は $(0,\ 2)$, $(0,\ -2)$ であるから，双曲線②の焦点の座標は

$(-2,\ 3)$, $(-2,\ -1)$

双曲線①の漸近線の方程式は $y=x$, $y=-x$ であるから，双曲線②の漸近線の方程式は

$y-1=x+2$, $y-1=-(x+2)$

すなわち　$\boldsymbol{y}=\boldsymbol{x}+3$, $\boldsymbol{y}=-\boldsymbol{x}-1$

212 (1) $y^2-4y-4x-4=0$

$(y-2)^2-2^2-4x-4=0$

$(y-2)^2=4(x+2)$

この曲線は，**放物線 $y^2=4x$ を x 軸方向に -2，y 軸方向に 2 だけ平行移動した放物線**である。

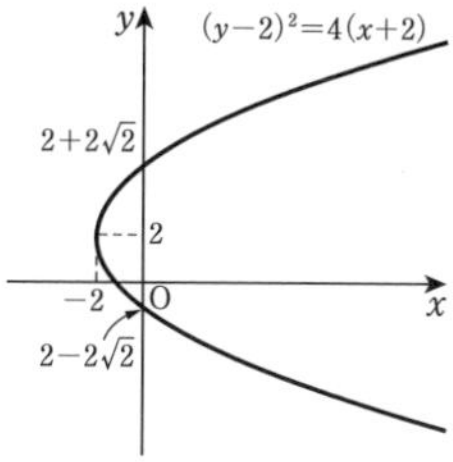

(2) $x^2+2x-2y+3=0$

$(x+1)^2-1^2-2y+3=0$

$(x+1)^2=2(y-1)$

この曲線は，**放物線 $x^2=2y$ を x 軸方向に -1，y 軸方向に 1 だけ平行移動した放物線**である。

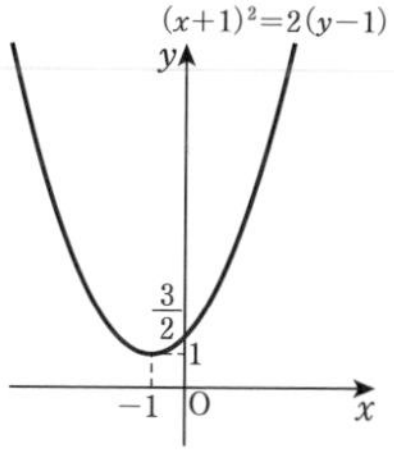

(3) $x^2+4y^2-4x=0$

$(x-2)^2-2^2+4y^2=0$

$\dfrac{(x-2)^2}{4}+y^2=1$

この曲線は，**楕円 $\dfrac{x^2}{4}+y^2=1$ を x 軸方向に 2 だけ平行移動した楕円**である。

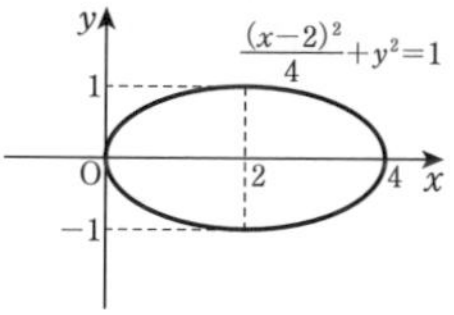

(4) $4x^2+9y^2+8x-18y-23=0$

$4(x^2+2x)+9(y^2-2y)-23=0$

$4\{(x+1)^2-1^2\}+9\{(y-1)^2-1^2\}-23=0$

$4(x+1)^2+9(y-1)^2=36$

$\dfrac{(x+1)^2}{9}+\dfrac{(y-1)^2}{4}=1$

この曲線は，**楕円 $\dfrac{x^2}{9}+\dfrac{y^2}{4}=1$ を x 軸方向に -1，y 軸方向に 1 だけ平行移動した楕円**である。

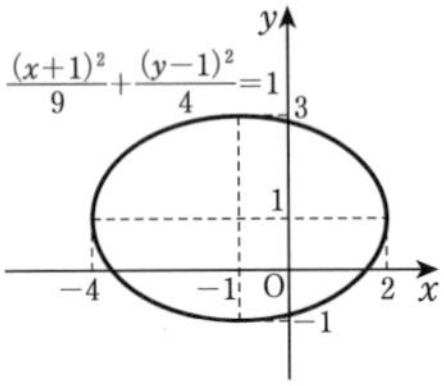

(5) $x^2-y^2-4x+4y-1=0$

$(x-2)^2-2^2-\{(y-2)^2-2^2\}-1=0$

$(x-2)^2-(y-2)^2=1$

この曲線は，**双曲線 $x^2-y^2=1$ を x 軸方向に 2，y 軸方向に 2 だけ平行移動した双曲線**である。

また，漸近線の方程式は

$y-2=x-2$，$y-2=-(x-2)$

すなわち　$y=x$，$y=-x+4$

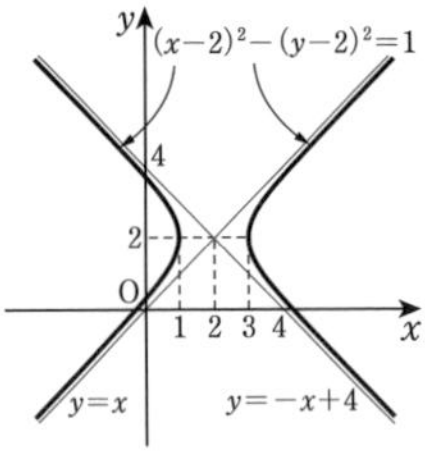

(6) $4x^2-y^2+2y+3=0$

$4x^2-\{(y-1)^2-1^2\}+3=0$

$x^2-\dfrac{(y-1)^2}{4}=-1$

この曲線は，**双曲線 $x^2-\dfrac{y^2}{4}=-1$ を y 軸方向に 1 だけ平行移動した双曲線**である。

また，漸近線の方程式は

$y-1=2x$，$y-1=-2x$

すなわち　$y=2x+1$，$y=-2x+1$

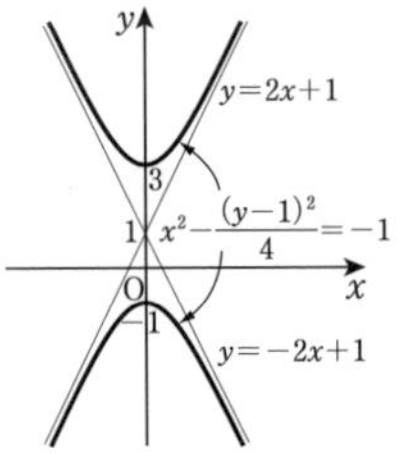

213 (1) $\begin{cases} \dfrac{x^2}{4}+\dfrac{y^2}{8}=1 & \cdots\cdots① \\ y=x-2 & \cdots\cdots② \end{cases}$

②を①に代入すると

$\dfrac{x^2}{4}+\dfrac{(x-2)^2}{8}=1$

$3x^2-4x-4=0$

$(3x+2)(x-2)=0$

ゆえに　$x=-\dfrac{2}{3}$，2

②より，$x=-\dfrac{2}{3}$ のとき　$y=-\dfrac{8}{3}$

$x=2$　　のとき　$y=0$

よって，共有点の座標は

$\left(-\dfrac{2}{3},\ -\dfrac{8}{3}\right)$，$(2,\ 0)$

(2) $\begin{cases} \dfrac{x^2}{16}+\dfrac{y^2}{12}=1 & \cdots\cdots① \\ x+2y=8 & \cdots\cdots② \end{cases}$

②より　$x=8-2y$ ……③

③を①に代入すると

$\dfrac{(8-2y)^2}{16}+\dfrac{y^2}{12}=1$

$y^2-6y+9=0$

$(y-3)^2=0$

ゆえに　$y=3$

③より，$y=3$ のとき　$x=2$

よって，共有点の座標は　$(2,\ 3)$

(3) $\begin{cases} \dfrac{x^2}{12}-\dfrac{y^2}{3}=1 & \cdots\cdots① \\ x-2y+4=0 & \cdots\cdots② \end{cases}$

②より　$x=2y-4$ ……③

③を①に代入すると

$\dfrac{(2y-4)^2}{12}-\dfrac{y^2}{3}=1$

ゆえに　$y=\dfrac{1}{4}$

③より，$y=\dfrac{1}{4}$ のとき　$x=-\dfrac{7}{2}$

よって，共有点の座標は $\left(-\frac{7}{2},\ \frac{1}{4}\right)$

(4) $\begin{cases} 2x^2-y^2=1 & \cdots\cdots① \\ 2x-y+3=0 & \cdots\cdots② \end{cases}$

②より　$y=2x+3$ ……③

③を①に代入すると

$2x^2-(2x+3)^2=1$

$x^2+6x+5=0$

$(x+1)(x+5)=0$

ゆえに　$x=-1,\ -5$

③より，$x=-1$ のとき　$y=1$

$x=-5$ のとき　$y=-7$

よって，共有点の座標は　**$(-1,\ 1)$，$(-5,\ -7)$**

(5) $\begin{cases} y^2=6x & \cdots\cdots① \\ 3x+y-12=0 & \cdots\cdots② \end{cases}$

②より　$x=\frac{-y+12}{3}$ ……③

③を①に代入すると

$y^2=6\times\frac{-y+12}{3}$

$y^2+2y-24=0$

$(y-4)(y+6)=0$

ゆえに　$y=4,\ -6$

③より，$y=4$　のとき　$x=\frac{8}{3}$

$y=-6$ のとき　$x=6$

よって，共有点の座標は　**$\left(\frac{8}{3},\ 4\right)$，$(6,\ -6)$**

(6) $\begin{cases} y^2=-2x & \cdots\cdots① \\ y=4x+6 & \cdots\cdots② \end{cases}$

②を①に代入すると

$(4x+6)^2=-2x$

$8x^2+25x+18=0$

$(8x+9)(x+2)=0$

ゆえに　$x=-\frac{9}{8},\ -2$

②より

$x=-\frac{9}{8}$ のとき　$y=\frac{3}{2}$

$x=-2$　のとき　$y=-2$

よって，共有点の座標は

$\left(-\frac{9}{8},\ \frac{3}{2}\right)$，$(-2,\ -2)$

214

(1) $\frac{x^2}{9}+\frac{y^2}{4}=1$ に $y=x+k$ を代入して整理すると

$13x^2+18kx+9k^2-36=0$ ……①

x の 2 次方程式①の判別式を D とすると

$D=(18k)^2-4\times13\times(9k^2-36)$

$=-144(k^2-13)$

$=-144(k+\sqrt{13})(k-\sqrt{13})$

よって，楕円と直線の共有点の個数は，次のようになる。

$D>0$　すなわち　**$-\sqrt{13}<k<\sqrt{13}$ のとき　共有点は 2 個**

$D=0$　すなわち　**$k=-\sqrt{13},\ \sqrt{13}$ のとき　共有点は 1 個**

$D<0$　すなわち　**$k<-\sqrt{13},\ \sqrt{13}<k$ のとき　共有点は 0 個**

(2) $\frac{x^2}{4}-\frac{y^2}{9}=1$ に $y=-x+k$ を代入して整理すると

$5x^2+8kx-4k^2-36=0$ ……①

x の 2 次方程式①の判別式を D とすると

$D=(8k)^2-4\times5\times(-4k^2-36)$

$=144(k^2+5)>0$

よって，**共有点は 2 個**

(3) $y^2=8x$ に $y=2x+k$ を代入して整理すると

$4x^2+4(k-2)x+k^2=0$ ……①

x の 2 次方程式①の判別式を D とすると

$D=\{4(k-2)\}^2-4\times4\times k^2=-64(k-1)$

よって，双曲線と直線の共有点の個数は，次のようになる。

$D>0$　すなわち　**$k<1$ のとき　共有点は 2 個**

$D=0$　すなわち　**$k=1$ のとき　共有点は 1 個**

$D<0$　すなわち　**$k>1$ のとき　共有点は 0 個**

215

求める接線の傾きを m とする。

(1) 接線の方程式は点 $(1,\ -2)$ を通ることから

$y+2=m(x-1)$

すなわち　$y=mx-m-2$ ……①

①を $y^2=4x$ に代入すると

$(mx-m-2)^2=4x$

$m^2x^2-2(m^2+2m+2)x+(m+2)^2=0$

この 2 次方程式の判別式を D とすると

$D=4(m^2+2m+2)^2-4m^2(m+2)^2$

$=16(m+1)^2$

直線①が放物線 $y^2=4x$ に接するのは，$D=0$ のときであるから

$16(m+1)^2=0$ より　$m=-1$

したがって，求める接線の方程式は，①より

$y=-x-1$

(2) 接線の方程式は点 (3, 1) を通ることから

$y-1=m(x-3)$

すなわち $y=mx-3m+1$ ……①

①を $\dfrac{x^2}{12}+\dfrac{y^2}{4}=1$ に代入して整理すると

$(3m^2+1)x^2-6m(3m-1)x+9(3m^2-2m-1)=0$

この2次方程式の判別式をDとすると

$D=36m^2(3m-1)^2$
$-36(3m^2+1)(3m^2-2m-1)$
$=36(m+1)^2$

直線①が楕円 $\dfrac{x^2}{12}+\dfrac{y^2}{4}=1$ に接するのは，

$D=0$ のときであるから

$36(m+1)^2=0$ より $m=-1$

したがって，求める接線の方程式は，①より

$y=-x+4$

(3) 接線の方程式は点 (4, 2) を通ることから

$y-2=m(x-4)$

すなわち $y=mx-4m+2$ ……①

①を $\dfrac{x^2}{8}-\dfrac{y^2}{4}=1$ に代入して整理すると

$(1-2m^2)x^2+8m(2m-1)x-16(2m^2-2m+1)=0$

この2次方程式の判別式をDとすると

$D=64m^2(2m-1)^2$
$+64(1-2m^2)(2m^2-2m+1)$
$=64(m-1)^2$

直線①が放物線 $\dfrac{x^2}{8}-\dfrac{y^2}{4}=1$ に接するのは，

$D=0$ のときであるから

$64(m-1)^2=0$ より $m=1$

したがって，求める接線の方程式は，①より

$y=x-2$

216 $x-y+2=0$ より，$y=x+2$ ……①

$x^2-4y^2=1$ に①を代入して $x^2-4(x+2)^2=1$

展開して整理すると $3x^2+16x+17=0$

交点P，Qの座標を (x_1, y_1)，(x_2, y_2) とおくと，

線分PQの中点Mの x 座標は $\dfrac{x_1+x_2}{2}$

2次方程式 $3x^2+16x+17=0$ の解と係数の関係より

$x_1+x_2=-\dfrac{16}{3}$ $\dfrac{x_1+x_2}{2}=-\dfrac{8}{3}$

また，中点Mの y 座標は①より

$y=-\dfrac{8}{3}+2=-\dfrac{2}{3}$

よって，求める中点Mの座標は $\left(-\dfrac{8}{3},\ -\dfrac{2}{3}\right)$

217 $x-y+1=0$ より $y=x+1$

これを $y^2=x+3$ に代入して $(x+1)^2=x+3$

展開して整理すると $x^2+x-2=0$

これを解くと $(x+2)(x-1)=0$ $x=-2,\ 1$

$y=x+1$ より $x=-2$ のとき $y=-1$

$x=1$ のとき $y=2$

よって，P，Qの座標は $(-2, -1)$，$(1, 2)$

したがって，$PQ=\sqrt{(1+2)^2+(2+1)^2}=\mathbf{3\sqrt{2}}$

中点Mの座標は $\left(-\dfrac{1}{2},\ \dfrac{1}{2}\right)$

218 $y=\dfrac{1}{2}x+1$ より $x=2y-2$

これを $x^2-y^2=-1$ に代入して

$(2y-2)^2-y^2=-1$

展開して整理すると $3y^2-8y+5=0$

これを解くと $(y-1)(3y-5)=0$ $y=1,\ \dfrac{5}{3}$

$x=2y-2$ より $y=1$ のとき $x=0$

$y=\dfrac{5}{3}$ のとき $x=\dfrac{4}{3}$

よって，P，Qの座標は $(0, 1)$，$\left(\dfrac{4}{3},\ \dfrac{5}{3}\right)$

したがって，

$PQ=\sqrt{\left(\dfrac{4}{3}\right)^2+\left(\dfrac{5}{3}-1\right)^2}=\sqrt{\dfrac{20}{9}}=\mathbf{\dfrac{2\sqrt{5}}{3}}$

中点Mの座標は $\left(\dfrac{2}{3},\ \dfrac{4}{3}\right)$

219 $y=-x+k$ を $x^2+\dfrac{y^2}{3}=1$ に代入して

整理すると

$4x^2-2kx+k^2-3=0$ ……①

2次方程式①の判別式をDとすると

$D=4k^2-16(k^2-3)$
$=-12(k+2)(k-2)$

$D>0$ より，k の値の範囲は $\mathbf{-2<k<2}$

また，交点A，Bの x 座標をそれぞれ α，β とおくと，α，β は2次方程式①の解である。

解と係数の関係から

$\alpha+\beta=\dfrac{2k}{4}=\dfrac{k}{2}$

よって，線分ABの中点Mの座標を (x, y)

とすると，$x=\dfrac{\alpha+\beta}{2}=\dfrac{k}{4}$ ……②

中点 M は，直線 $y=-x+k$ 上の点であるから

$y=-\frac{k}{4}+k=\frac{3}{4}k$ ……③

②，③より　$y=3x$

ただし，$-2<k<2$ であるから，②より

$-\frac{1}{2}<x<\frac{1}{2}$

以上より，求める軌跡は

直線 $y=3x$ の $-\frac{1}{2}<x<\frac{1}{2}$ の部分である。

220　$y_1\neq0$ のとき $y_1y=2p(x+x_1)$ より

$y=\frac{2p}{y_1}(x+x_1)$

これを $y^2=4px$ に代入して整理すると

$y_1{}^2x=p(x^2+2x_1x+x_1{}^2)$ ……①

$(x_1,\ y_1)$ は放物線 $y^2=4px$ 上の点であるから，

$y_1{}^2=4px_1$

ゆえに，①は

$x^2-2x_1x+x_1{}^2=0$　　$(x-x_1)^2=0$

この 2 次方程式は重解 $x=x_1$ をもつ。すなわち，$y_1y=2p(x+x_1)$ は放物線 $y^2=4px$ 上の点 $(x_1,\ y_1)$ における接線の方程式である。

221　(1)　楕円 $\frac{x^2}{9}+\frac{y^2}{4}=1$ 上の点

$\left(1,\ -\frac{4\sqrt{2}}{3}\right)$ における接線の方程式は

$\frac{x}{9}+\frac{-\frac{4\sqrt{2}}{3}y}{4}=1$ より

$\boldsymbol{\frac{x}{9}-\frac{\sqrt{2}}{3}y=1}$

(2)　双曲線 $x^2-y^2=1$ 上の点 $(3,\ 2\sqrt{2})$ における接線の方程式は

$\boldsymbol{3x-2\sqrt{2}\,y=1}$

(3)　放物線 $y^2=4x$ 上の点 $(4,\ -4)$ における接線の方程式は

$-4y=2\cdot1\cdot(x+4)$ より

$\boldsymbol{x+2y=-4}$

222　点 P の座標を $(x,\ y)$ とすると

$\mathrm{PF}=\sqrt{(x-2)^2+y^2}$，$\mathrm{PH}=\left|x-\frac{1}{2}\right|$

$\frac{\mathrm{PF}}{\mathrm{PH}}=2$ より　$\mathrm{PF}=2\mathrm{PH}$

ゆえに　$\sqrt{(x-2)^2+y^2}=2\left|x-\frac{1}{2}\right|$

両辺を 2 乗すると

$(x-2)^2+y^2=4\left(x-\frac{1}{2}\right)^2$

展開して整理すると

$3x^2-y^2=3$

すなわち，求める軌跡は

双曲線 $x^2-\frac{y^2}{3}=1$

223　点 P の座標を $\mathrm{P}(x,\ y)$ とすると

$\mathrm{PF}=\sqrt{(x-1)^2+y^2}$，$\mathrm{PH}=|x-3|$

$\mathrm{PF}:\mathrm{PH}=1:\sqrt{3}$ より　$\sqrt{3}\,\mathrm{PF}=\mathrm{PH}$

ゆえに　$\sqrt{3}\sqrt{(x-1)^2+y^2}=|x-3|$

両辺を 2 乗すると　$3\{(x-1)^2+y^2\}=(x-3)^2$

展開して整理すると　$2x^2+3y^2=6$

すなわち，求める軌跡は

楕円 $\frac{x^2}{3}+\frac{y^2}{2}=1$

224　(1)　$t=\frac{y}{4}$ より　$x=8\left(\frac{y}{4}\right)^2$

$y^2=2x$

よって，この媒介変数表示で表された曲線は，

放物線 $y^2=2x$ である。

(2)　$t=2-x$ より　$y=1-(2-x)^2$

$y=-x^2+4x-3$

よって，この媒介変数表示で表された曲線は，

放物線 $y=-x^2+4x-3$ である。

(3)　$t=\frac{x-3}{2}$ より　$y=2\left(\frac{x-3}{2}\right)^2-6$

$=\frac{1}{2}x^2-3x-\frac{3}{2}$

よって，この媒介変数表示で表された曲線は，

放物線 $y=\frac{1}{2}x^2-3x-\frac{3}{2}$ である。

225　(1)　$y=x^2+6tx-1$ を変形すると

$y=(x+3t)^2-9t^2-1$

この放物線の頂点を $\mathrm{P}(x,\ y)$ とすると

$\begin{cases} x=-3t & \cdots\cdots① \\ y=-9t^2-1 & \cdots\cdots② \end{cases}$

①より　$t=-\frac{x}{3}$

②に代入すると　$y=-9\left(-\frac{x}{3}\right)^2-1$

すなわち　$y=-x^2-1$

よって，頂点 P が描く曲線は

放物線 $y=-x^2-1$

(2) $y=-2x^2+4tx+4t+1$ を変形すると

$y=-2(x^2-2tx)+4t+1$

$=-2\{(x-t)^2-t^2\}+4t+1$

$=-2(x-t)^2+2t^2+4t+1$

この放物線の頂点を P$(x,\ y)$ とすると

$\begin{cases} x=t & \cdots\cdots① \\ y=2t^2+4t+1 & \cdots\cdots② \end{cases}$

①を②に代入すると　$y=2x^2+4x+1$

よって，頂点 P が描く曲線は

放物線 $y=2x^2+4x+1$

226

(1) $\boldsymbol{x=\cos\theta,\ y=\sin\theta}$

(2) $\boldsymbol{x=\sqrt{5}\cos\theta,\ y=\sqrt{5}\sin\theta}$

(3) $\boldsymbol{x=7\cos\theta,\ y=3\sin\theta}$

(4) $\boldsymbol{x=\cos\theta,\ y=2\sqrt{2}\sin\theta}$

227

(1) $y=x^2+3tx+6t+3$ を変形すると

$y=\left(x+\frac{3}{2}t\right)^2-\frac{9}{4}t^2+6t+3$

この放物線の頂点を P$(x,\ y)$ とすると

$\begin{cases} x=-\frac{3}{2}t & \cdots\cdots① \\ y=-\frac{9}{4}t^2+6t+3 & \cdots\cdots② \end{cases}$

①より　$t=-\frac{2}{3}x$

②に代入すると

$y=-\frac{9}{4}\left(-\frac{2}{3}x\right)^2+6\left(-\frac{2}{3}x\right)+3$

すなわち　$y=-x^2-4x+3$

よって，頂点 P が描く曲線は

放物線 $y=-x^2-4x+3$

(2) $y=-x^2+tx+2x+2t+4$ を変形すると

$y=-\{x^2-(t+2)x\}+2t+4$

$=-\left\{\left(x-\frac{t+2}{2}\right)^2-\frac{(t+2)^2}{4}\right\}+2t+4$

$=-\left(x-\frac{t+2}{2}\right)^2+\frac{t^2+12t+20}{4}$

この放物線の頂点を P$(x,\ y)$ とすると

$\begin{cases} x=\frac{t+2}{2} & \cdots\cdots① \\ y=\frac{t^2+12t+20}{4} & \cdots\cdots② \end{cases}$

①より　$t=2x-2$

②に代入すると

$y=\frac{1}{4}\{(2x-2)^2+12(2x-2)+20\}$

すなわち　$y=x^2+4x$

よって，頂点 P が描く曲線は

放物線 $y=x^2+4x$

228

(1) $\cos\theta=\frac{x-1}{3}$，$\sin\theta=\frac{y+3}{3}$

これらを $\sin^2\theta+\cos^2\theta=1$ に代入すると

$\left(\frac{y+3}{3}\right)^2+\left(\frac{x-1}{3}\right)^2=1$　より

$(x-1)^2+(y+3)^2=9$

これは，**点 $(1,\ -3)$ を中心とする半径 3 の円**を表す。

(2) $\cos\theta=\frac{x+1}{2}$，$\sin\theta=y-2$

これらを $\sin^2\theta+\cos^2\theta=1$ に代入すると

$(y-2)^2+\left(\frac{x+1}{2}\right)^2=1$

より　$\frac{(x+1)^2}{4}+(y-2)^2=1$

これは，**楕円 $\frac{x^2}{4}+y^2=1$ を x 軸方向に -1，y 軸方向に 2 だけ平行移動した楕円**を表す。

(3) $\tan\theta=\frac{x}{5}$，$\frac{1}{\cos\theta}=\frac{y}{3}$

これらを $1+\tan^2\theta=\frac{1}{\cos^2\theta}$ に代入すると

$1+\left(\frac{x}{5}\right)^2=\left(\frac{y}{3}\right)^2$　より　$\frac{x^2}{25}-\frac{y^2}{9}=-1$

これは，**双曲線 $\frac{x^2}{25}-\frac{y^2}{9}=-1$** を表す。

(4) $y=\cos 2\theta=1-2\sin^2\theta$ より

$y=1-2x^2$

また，$-1\leqq\sin\theta\leqq1$ であるから　$-1\leqq x\leqq1$

これは，**放物線 $y=1-2x^2$ の $-1\leqq x\leqq1$ の部分**を表す。

229

(1) $x=\sqrt{t}$　より　$t=x^2$ ……①

$y=t+2$ より

$t=y-2$ ……②

①，②から t を消去すると

$x^2=y-2$

$y=x^2+2$

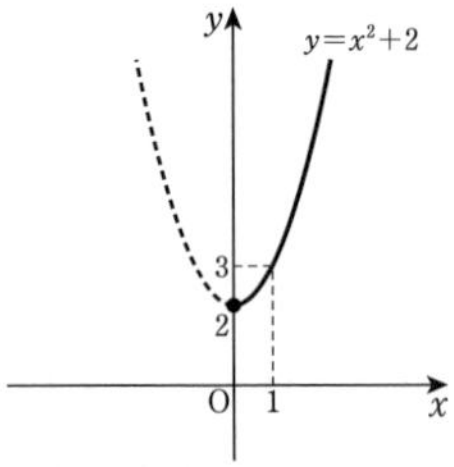

また，$x=\sqrt{t}\geqq0$ であるから，$x\geqq0$

よって，**放物線 $y=x^2+2$ の $x\geqq0$ の部分**を表す。

(2) $x=\sqrt{t+1}$ より　$t=x^2-1$ ……①

$y=\sqrt{t}$ より

$t=y^2$ ……②

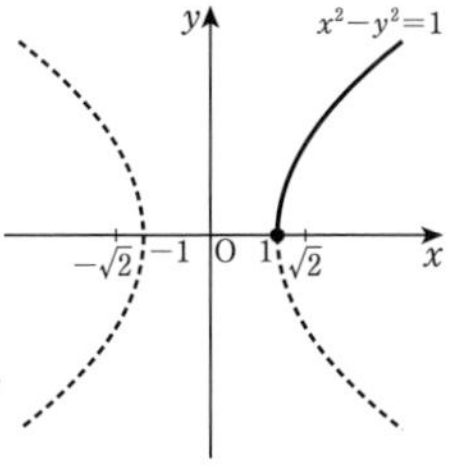

①, ②から t を消去すると

$x^2-1=y^2$

$x^2-y^2=1$

また, $x=\sqrt{t+1}\geqq 0$, $y=\sqrt{t}\geqq 0$

よって, **双曲線**

$x^2-y^2=1$ の $x\geqq 0$, $y\geqq 0$ の部分を表す。

(3) $x=\sqrt{4-t^2}$ より　$t^2=4-x^2$ ……①

$y=t^2+4$　より

$t^2=y-4$ ……②

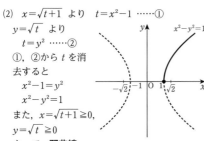

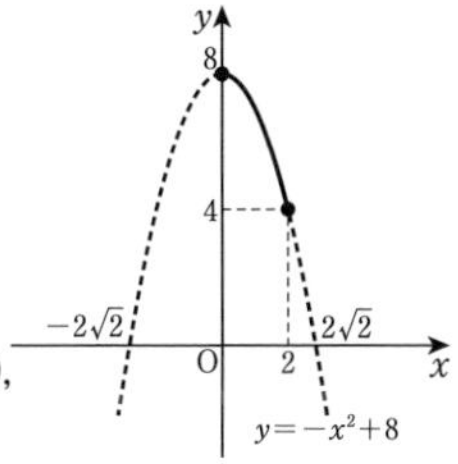

①, ②から t を消去すると

$4-x^2=y-4$

$y=-x^2+8$

また, $x=\sqrt{4-t^2}\geqq 0$, $t^2=4-x^2\geqq 0$ より

$0\leqq x\leqq 2$

$0\leqq x\leqq 2$ のとき, $y=-x^2+8$ より　$4\leqq y\leqq 8$ となり $t^2=y-4\geqq 0$ を満たす。

よって, **放物線 $y=-x^2+8$ の $0\leqq x\leqq 2$ の部分**を表す。

230

(1) ①より　$(1+t^2)x=2(1-t^2)$

$(2+x)t^2=2-x$ ……③

$x=-2$ は③を満たさないから　$x\neq -2$

よって　$\boldsymbol{t^2=\dfrac{2-x}{2+x}}$ ……④

(2) ②より　$(1+t^2)y=2t$

④を代入して　$\left(1+\dfrac{2-x}{2+x}\right)y=2t$

$\boldsymbol{t=\dfrac{2y}{2+x}}$ ……⑤

(3) ⑤を④に代入して　$\dfrac{4y^2}{(2+x)^2}=\dfrac{2-x}{2+x}$

$4y^2=(2-x)(2+x)$

$4y^2=4-x^2$

$\dfrac{x^2}{4}+y^2=1$

したがって, この媒介変数表示は, **楕円 $\dfrac{x^2}{4}+y^2=1$ の点 $(-2,\ 0)$ を除く部分**を表す。

231

(1) $x=\dfrac{1-t^2}{1+t^2}$ ……①

$y=\dfrac{4t}{1+t^2}$ ……②

とおく。

①より　$(1+t^2)x=1-t^2$

$(1+x)t^2=1-x$ ……③

$x=-1$ は③を満たさないから　$x\neq -1$

ゆえに, $t^2=\dfrac{1-x}{1+x}$ ……④

②より　$(1+t^2)y=4t$

④を代入して　$\left(1+\dfrac{1-x}{1+x}\right)y=4t$

$\dfrac{2y}{1+x}=4t$

よって, $t=\dfrac{y}{2(1+x)}$ ……⑤

⑤を④に代入して　$\dfrac{y^2}{4(1+x)^2}=\dfrac{1-x}{1+x}$

$y^2=4(1-x)(1+x)$

$y^2=4(1-x^2)$

$x^2+\dfrac{y^2}{4}=1$

したがって, この媒介変数表示は, **楕円 $x^2+\dfrac{y^2}{4}=1$ の点 $(-1,\ 0)$ を除く部分**を表す。

(2) $x=\dfrac{1+t^2}{1-t^2}$ ……①, $y=\dfrac{2t}{1-t^2}$ ……② とおく。

①より

$(1-t^2)x=1+t^2$

$(x+1)t^2=x-1$ ……③

$x=-1$ は③を満たさないから　$x\neq -1$

ゆえに, $t^2=\dfrac{x-1}{x+1}$ ……④

②より　$(1-t^2)y=2t$

④を代入して　$\left(1-\dfrac{x-1}{x+1}\right)y=2t$

$\dfrac{2y}{x+1}=2t$

よって, $t=\dfrac{y}{x+1}$ ……⑤

⑤を④に代入して　$\dfrac{y^2}{(x+1)^2}=\dfrac{x-1}{x+1}$

$y^2=(x-1)(x+1)$

$y^2=x^2-1$

$x^2-y^2=1$

したがって, この媒介変数表示は, **双曲線 $x^2-y^2=1$ の点 $(-1,\ 0)$ を除く部分**を表す。

232

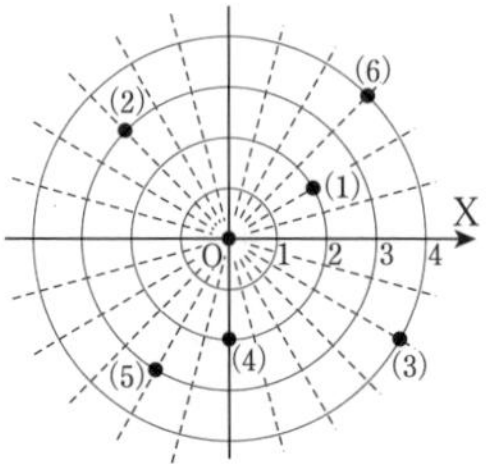

233

(1) $\mathbf{A}\left(\sqrt{2},\ \frac{\pi}{4}\right)$ (2) $\mathbf{D}\left(\sqrt{2},\ \frac{7}{4}\pi\right)$

(3) $\mathbf{M}\left(1,\ \frac{\pi}{2}\right)$

234

(1) $x=2\cos\frac{\pi}{4}=\sqrt{2}$, $y=2\sin\frac{\pi}{4}=\sqrt{2}$

よって $(\sqrt{2},\ \sqrt{2})$

(2) $x=4\cos\frac{2}{3}\pi=-2$, $y=4\sin\frac{2}{3}\pi=2\sqrt{3}$

よって $(-2,\ 2\sqrt{3})$

(3) $x=8\cos\frac{3}{2}\pi=0$, $y=8\sin\frac{3}{2}\pi=-8$

よって $(0,\ -8)$

(4) $x=2\sqrt{3}\cos\frac{7}{6}\pi=-3$

$y=2\sqrt{3}\sin\frac{7}{6}\pi=-\sqrt{3}$

よって $(-3,\ -\sqrt{3})$

(5) $x=3\sqrt{2}\cos\frac{5}{4}\pi=-3$

$y=3\sqrt{2}\sin\frac{5}{4}\pi=-3$

よって $(-3,\ -3)$

(6) $x=4\sqrt{6}\cos\frac{5}{3}\pi=2\sqrt{6}$

$y=4\sqrt{6}\sin\frac{5}{3}\pi=-6\sqrt{2}$

よって $(2\sqrt{6},\ -6\sqrt{2})$

235

(1) $r=\sqrt{(2\sqrt{3})^2+2^2}=4$

このとき

$\cos\theta=\frac{2\sqrt{3}}{4}=\frac{\sqrt{3}}{2}$, $\sin\theta=\frac{2}{4}=\frac{1}{2}$

$0\leqq\theta<2\pi$ において，これらをともに満たす θ は

$\theta=\frac{\pi}{6}$

よって，求める極座標は $\left(4,\ \frac{\pi}{6}\right)$

(2) $r=\sqrt{3^2+3^2}=3\sqrt{2}$

このとき

$\cos\theta=\frac{3}{3\sqrt{2}}=\frac{1}{\sqrt{2}}$, $\sin\theta=\frac{3}{3\sqrt{2}}=\frac{1}{\sqrt{2}}$

$0\leqq\theta<2\pi$ において，これらをともに満たす θ は

$\theta=\frac{\pi}{4}$

よって，求める極座標は $\left(3\sqrt{2},\ \frac{\pi}{4}\right)$

(3) $r=\sqrt{(-2)^2+(2\sqrt{3})^2}=4$

このとき

$\cos\theta=\frac{-2}{4}=-\frac{1}{2}$, $\sin\theta=\frac{2\sqrt{3}}{4}=\frac{\sqrt{3}}{2}$

$0\leqq\theta<2\pi$ において，これらをともに満たす θ は

$\theta=\frac{2}{3}\pi$

よって，求める極座標は $\left(4,\ \frac{2}{3}\pi\right)$

(4) $r=\sqrt{(-\sqrt{6})^2+(-3\sqrt{2})^2}=2\sqrt{6}$

このとき

$\cos\theta=\frac{-\sqrt{6}}{2\sqrt{6}}=-\frac{1}{2}$

$\sin\theta=\frac{-3\sqrt{2}}{2\sqrt{6}}=-\frac{\sqrt{3}}{2}$

$0\leqq\theta<2\pi$ において，これらをともに満たす θ は

$\theta=\frac{4}{3}\pi$

よって，求める極座標は $\left(2\sqrt{6},\ \frac{4}{3}\pi\right)$

(5) $r=\sqrt{(-5)^2}=5$

このとき

$\cos\theta=\frac{0}{5}=0$, $\sin\theta=\frac{-5}{5}=-1$

$0\leqq\theta<2\pi$ において，これらをともに満たす θ は

$\theta=\frac{3}{2}\pi$

よって，求める極座標は $\left(5,\ \frac{3}{2}\pi\right)$

(6) $r=\sqrt{6^2+(-2\sqrt{3})^2}=4\sqrt{3}$

このとき

$\cos\theta=\frac{6}{4\sqrt{3}}=\frac{\sqrt{3}}{2}$, $\sin\theta=\frac{-2\sqrt{3}}{4\sqrt{3}}=-\frac{1}{2}$

$0 \leqq \theta < 2\pi$ において，これらをともに満たす θ は

$\theta = \frac{11}{6}\pi$

よって，求める極座標は $\left(4\sqrt{3},\ \frac{11}{6}\pi\right)$

236 (1) $\angle AOB = \frac{\pi}{3} - \frac{\pi}{6} = \frac{\pi}{6}$

余弦定理より

$AB^2 = 4^2 + (\sqrt{3})^2 - 2 \times 4 \times \sqrt{3} \cos\frac{\pi}{6}$

$= 16 + 3 - 12 = 7$

$AB > 0$ より　$AB = \sqrt{7}$

(2) $\triangle OAB = \frac{1}{2} \times 4 \times \sqrt{3} \times \sin\frac{\pi}{6} = \sqrt{3}$

237 $\triangle OMP$ において，$OM = MP = r$ より $\triangle OMP$ は二等辺三角形である。

ゆえに，右の図より

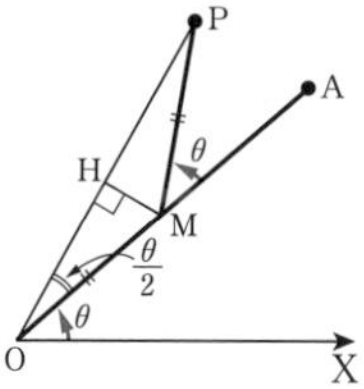

$\angle POM = \frac{\theta}{2}$

$\angle XOP = \theta + \frac{\theta}{2} = \frac{3}{2}\theta$

また，M から OP へ垂線 MH をおろすと

$OH = OM\cos\frac{\theta}{2} = r\cos\frac{\theta}{2}$

よって，$OP = 2OH = 2r\cos\frac{\theta}{2}$

したがって，点 P の極座標は

$\left(2r\cos\frac{\theta}{2},\ \frac{3}{2}\theta\right)$

238

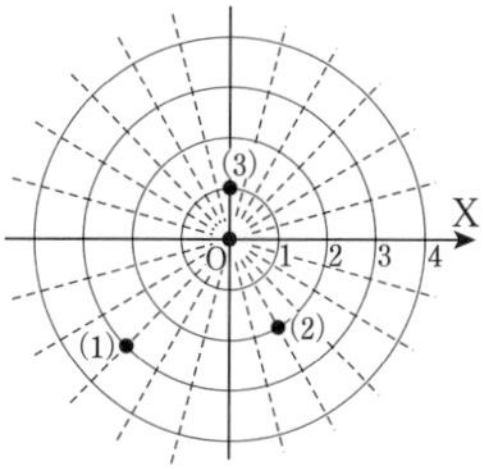

239

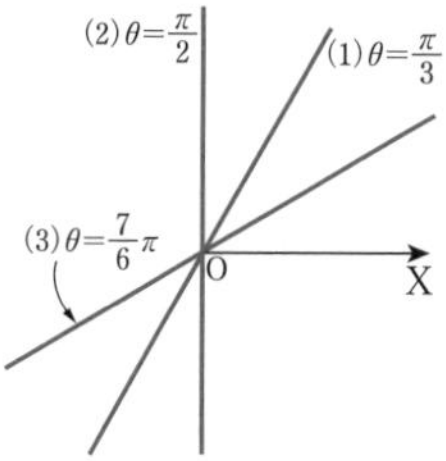

240 (1) $r\cos\left(\theta - \frac{\pi}{3}\right) = 1$

(2) $r\cos\left(\theta - \frac{\pi}{2}\right) = 2$

（注意　$r\sin\theta = 2$ と変形してもよい）

(3) $r\cos\left(\theta - \frac{3}{4}\pi\right) = 3$

241 (1) $r = 6\cos\theta$

(2) 右の図より

$r = 2\cos\left(\theta - \frac{\pi}{2}\right)$

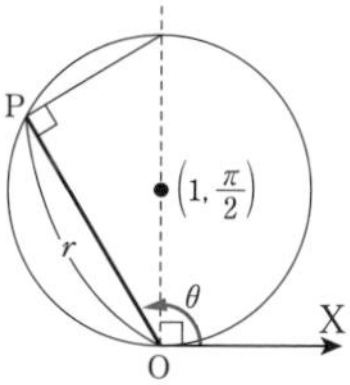

242 $x = r\cos\theta,\ y = r\sin\theta,\ r = \sqrt{x^2 + y^2}$ より

(1) $(r\cos\theta - 1)^2 + (r\sin\theta)^2 = 1$

$r^2\cos^2\theta - 2r\cos\theta + 1 + r^2\sin^2\theta = 1$

$r^2(\cos^2\theta + \sin^2\theta) - 2r\cos\theta = 0$

$r^2 - 2r\cos\theta = 0$

$r(r - 2\cos\theta) = 0$

よって　$r = 0,\ r = 2\cos\theta$

$r = 0$ は $r = 2\cos\theta$ に含まれるから，求める極方程式は　$r = 2\cos\theta$

(2) $(r\cos\theta)^2 + \frac{(r\sin\theta)^2}{4} = 1$

$4r^2\cos^2\theta + r^2\sin^2\theta = 4$

$3r^2\cos^2\theta + r^2(\cos^2\theta + \sin^2\theta) = 4$

$3r^2\cos^2\theta + r^2 = 4$

よって　$r^2(3\cos^2\theta + 1) = 4$

(3) $(r\cos\theta)^2 - (r\sin\theta)^2 = -1$

$r^2\cos^2\theta - r^2\sin^2\theta = -1$

$r^2(\cos^2\theta - \sin^2\theta) = -1$

よって　$r^2\cos 2\theta = -1$

(4) $(r\sin\theta)^2 = 6r\cos\theta + 9$

$r^2\sin^2\theta=6r\cos\theta+9$
$r^2(1-\cos^2\theta)=6r\cos\theta+9$
$r^2=r^2\cos^2\theta+6r\cos\theta+9$
$\boldsymbol{r^2=(r\cos\theta+3)^2}$

注意 $r=\pm(r\cos\theta+3)$

ゆえに $(1-\cos\theta)r=3$ ……①
$(1+\cos\theta)r=-3$ ……②

ここで，$r>0$，$1+\cos\theta\geqq 0$ より，②は成り立たない。

よって，①より $r=\dfrac{3}{1-\cos\theta}$

243 $x=r\cos\theta$，$y=r\sin\theta$，$r=\sqrt{x^2+y^2}$ より

(1) 与えられた極方程式の両辺に r を掛けると
$r^2=8r\cos\theta+8r\sin\theta$
$x^2+y^2=8x+8y$
よって $\boldsymbol{x^2+y^2-8x-8y=0}$

(2) 与えられた極方程式の両辺に r を掛けると
$r^2=2r\sin\theta-2r\cos\theta$
$x^2+y^2=2y-2x$
よって $\boldsymbol{x^2+y^2+2x-2y=0}$

(3) 与えられた極方程式の両辺に r を掛けると
$r^2=4r\cos\theta$
$x^2+y^2=4x$
よって $\boldsymbol{x^2+y^2-4x=0}$

(4) 与えられた極方程式の両辺に r を掛けると
$r^2=-6r\sin\theta$
$x^2+y^2=-6y$
よって $\boldsymbol{x^2+y^2+6y=0}$

244 $r(2-2\cos\theta)=1$ より $2r=2r\cos\theta+1$
この曲線上の点 $\mathrm{P}(r,\ \theta)$ の直交座標を $(x,\ y)$ として $r\cos\theta=x$ を代入すると
$2r=2x+1$
両辺を2乗すると $4r^2=4x^2+4x+1$
$r^2=x^2+y^2$ より $4(x^2+y^2)=4x^2+4x+1$
よって $\boldsymbol{y^2=x+\dfrac{1}{4}}$

245 $r(2+2\sin\theta)=3$ より $2r=-2r\sin\theta+3$
この曲線上の点 $\mathrm{P}(r,\ \theta)$ の直交座標を $(x,\ y)$ として $r\sin\theta=y$ を代入すると
$2r=-2y+3$
両辺を2乗すると $4r^2=4y^2-12y+9$
$r^2=x^2+y^2$ より $4(x^2+y^2)=4y^2-12y+9$
よって $\boldsymbol{x^2=-3y+\dfrac{9}{4}}$

246 (1) $\mathrm{A}\left(6,\ \dfrac{\pi}{6}\right)$ とすると，OA は円の直径である。
円上の点Pの極座標を $(r,\ \theta)$ とすると，右の図より

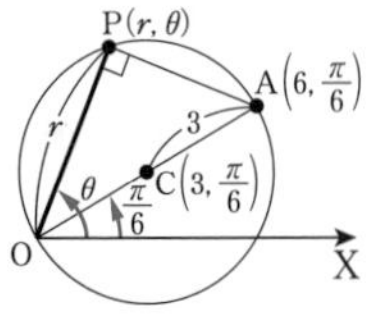

$\mathrm{OP=OA}\cos\angle\mathrm{AOP}$
よって，求める極方程式は
$\boldsymbol{r=6\cos\left(\theta-\dfrac{\pi}{6}\right)}$

(2) $\mathrm{A}\left(4,\ -\dfrac{\pi}{3}\right)$ とすると，OA は円の直径である。
円上の点Pの極座標を $(r,\ \theta)$ とすると，右の図より

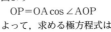

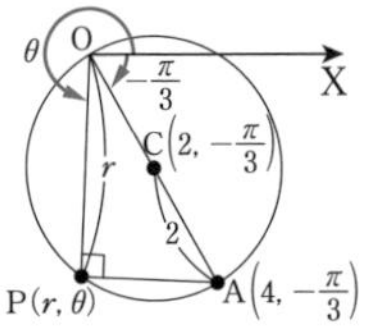

$\angle\mathrm{AOP}$
$=2\pi-\left\{\theta-\left(-\dfrac{\pi}{3}\right)\right\}$
$=2\pi-\left(\theta+\dfrac{\pi}{3}\right)$
であるから
$\cos\angle\mathrm{AOP}=\cos\left\{2\pi-\left(\theta+\dfrac{\pi}{3}\right)\right\}$
$=\cos\left(\theta+\dfrac{\pi}{3}\right)$
点 $\mathrm{P}(r,\ \theta)$ について
$\mathrm{OP=OA}\cos\angle\mathrm{AOP}$
よって，求める極方程式は
$\boldsymbol{r=4\cos\left(\theta+\dfrac{\pi}{3}\right)}$

スパイラル数学C　解答編

●編　者　実教出版編修部

●発行者　小田　良次

●印刷所　寿印刷株式会社

●発行所　実教出版株式会社

〒102-8377
東京都千代田区五番町5
電話＜営業＞(03)3238-7777
　　＜編修＞(03)3238-7785
　　＜総務＞(03)3238-7700
https://www.jikkyo.co.jp/

002402023　ISBN 978-4-407-35693-9